U0085152

高成長很好，

但是……有陷阱。

10週年全新增訂版

小，是我故意的

不擴張也成功的14個故事，8種基因

BO BURLINGHAM

鮑．柏林罕————著　吳玉————譯

SMALL GIANTS

Revised and Updated with New Chapters

Companies That Choose to Be Great Instead of Big

目次

小，是我故意的

｜前言｜

企業一定要成長，誰說的？

十四個表現傑出，卻刻意不擴張的「小巨人」故事

我在二〇〇三年發現，企業界有一股很特殊的現象：有一些公司不想成為大企業，只想成為「很棒」的公司。就算遇上成長與擴張的好機會，也被他們拒絕了，因為他們有更遠大的想像。

不過，我當時還沒想到「小巨人」（small giants）這稱謂。而且老實說，我甚至不確定這算不算得上是一股「現象」。當時，我能確定的一個案例，是辛格曼商業社群（Zingerman's Community of Business），《企業》（*Inc.*）雜誌還特別以它為封面故事。這家位於密西根州安娜堡市的餐飲業者，婉拒了一個將事業擴展到全美國的大好機會，相反的，決定留在當地另創一個新品牌。因為這家公司的經營者認為，自己為安娜堡帶來了獨特且美好的體驗，於是想在當地用新品牌複製同樣的精神，不想把版圖擴張到別的城市。這是我所採訪過的企業當中，最有意思的一家，於是我心想：是否還有別的企業也像它一樣，寧可選擇守

在小城市裡，不願意擴大版圖？

最初我只是出於好奇，沒想到，接下來居然發現，有越來越多相似的企業。我漸漸感覺到，我們這些長期觀察財經世界的人，很可能忽略了一個非常重要的事實。過去，我們通常把企業分為三種：大企業、成長型企業、小企業。但擺在我眼前的這些公司，無法如此簡單歸類。這些公司當中，有些很小，但有些很大；有些仍在成長（應該說大部分都在成長，只是用很不一樣的方式），但有些選擇完全不成長，甚至刻意讓自己的生意不要做太大。

不成長？那要幹嘛？

如果撇開成長、規模，我們就能發現這些公司有著非常特別的共同特徵。首先，他們都努力讓自己成為同行裡最好、最頂尖的業者，而且普遍口碑都很好。想也知道，這麼好的公司，當然都有能力募集大筆資金，讓公司快速成長——也就是跟別的大公司一樣，要嘛購併別的公司，要嘛開發更大的市場。然而，他們卻選擇「不」追求營收成長、「不」要擴大市場，在他們心目中，還有比「規模大、成長快」更重要的目標要追尋。為了追求這些目標，他們寧可不上市，公司股權也大都掌握在一個人或一小群志同道合的夥伴，以及員工手上。

我猜想，也許正因為如此，才讓我們長期以來，一直忽略了這些企業。我們財經媒體往往很少關注非上市公司，尤其是小公司。我們對「企業」——甚至是對整個「商業活動」——的理解，很大程度是受上市公司所影響的。

但實際上，上市公司只是所有企業當中的一小部分，那種成長很快的科技業，更是少之又少。可是幾乎所有暢銷的財經書，從《反敗為勝》（*Iacocca*）到《追求卓越》、《從A到A⁺》，所談的都是大企業、或是努力想要變大的企業所在做的事情。大部分報紙財經版、財經雜誌也是如此，更別提電視、廣播以及商學院裡會討論的個案了。

漸漸的，我們把這些大企業的口號奉為圭臬。例如人們常說，企業一定要成長，否則就等著倒閉（Business must grow or die）。沒錯，對於很多上市公司、科技新創公司來說的確如此，因為這些公司的股東都期待與要求公司必須在營收、獲利、市占率等方面持續成長，一旦公司不再成長，他們就會賣掉股票。

但實際上，數以千計的非上市公司，通常很少出現大成長，有些甚至根本沒成長，但照樣沒倒閉，而且還活得滿好的。

曾經擔任奇異公司執行長的傑克．威爾許曾說，他只願意經營市占率第一或第二名的公司。威爾許的高知名度，以及奇異公司在他任內股價的優異表現，使得他的名言不斷被傳誦。但後來有人發現，就算是奇異公司自己，也沒有遵守這項準則，而且放眼望去，明明就有數以千家既不是市占率第一也不是第二的中小企業，照樣活得好好的。

別傻了，你又不是上市公司老闆……

想像一下，當某企業經營有成，正準備邁入下一個階段，這個所謂的「下一個階段」，指的是什麼樣的未來？通常，很多人都會認為與「營業額成長」有關（當然，不會有人把「營業額衰退」當成「下一個階段」的目標），既然是「下一個階段」，公司的規模自然要更大。對公開上市公司來說，這個想法可能是對的，也可能是錯的。但對於絕大多數沒上市的企業來說，絕對是錯的。

許多經營者最大的迷思，在於「股東價值」這個概念。對公開上市公司而言，股東價值有其精確定義，因為在法律與道義上，公司有義務為股東創造最佳的財務報酬，這就是交易——你拿了人家的錢，就得給予他們所要的亮眼報酬。因此很多人都假設，不只是上市公司，所有企業都應當如此運作。

然而，這樣的假設忽略了另一個同樣顯而易見的事實：是否符合股東利益，得看股東是「誰」。

這本書裡說的「股東」，不是什麼買股票的散戶與法人，而是「擁有公司」的創業家。我發現在這些創業家心中，除了財務目標之外，往往還有更重要的非財務目標。這並不是說，他們不希望公司賺錢，而是說「賺更多錢」並不是他們唯一的目標，甚至未必是最重要的目標。

他們更在乎的，是能否在特定領域中做到最好、創造良好的工作環境、提供高品質的服務給顧客、與供應商建立密切的合作關係、對他們生活或工作所在的社區有所貢獻、找到好的方法過他們的生活。他們也知道要達到以上目標，就必須牢牢掌握公司的所有權與經營權，因此有些公司的做法甚至與上市公司反其道而行：嚴格限制規模成長的幅度與速度。

我心想，應該為這樣的企業取個名字，但這名字我也是一直到書寫完了之後才想到。我訪問過的其中一位創業家傑・戈茲（Jay Goltz）告訴我，何不稱他們為「小巨人」？嗯，聽起來不錯。

接下來，讓我說明一下我是如何挑選出書中這些「小巨人」的。

他們是一群表現傑出，卻刻意低調的創業家

打從一開始，我就知道必須訂出一套選擇標準才行。首先，我無法拿財務表現當指標。因為未上市公司的特點之一，就是除了稅務人員、銀行、與投資人（如果有的話）之外，不需要對外界公布財報數字。許多未上市企業的老闆，往往盡一切努力對公司的財務數字保密。通常只有少數企業願意製作經過會計師稽核的正式財報，而且就算有正式財報，也極少對外公開。因此，雖然不是不可能，但我們很難客觀比較未上市企業的財務表現。

其次，是知名度。多數未上市企業不為大眾所熟知，它們偶爾有曝光機會——例如得了某個獎項、達成顯著的成就、取得重要的創新、或是強打廣告等等，但大體上很少受到大眾注目，擁有如

同3M、美國運通、沃爾瑪百貨、迪士尼、麥當勞等家喻戶曉的響亮名氣。通常當這些企業受到媒體關注，所關注的焦點多半是他們優異的產品或服務，而不是他們這家公司經營得有多棒，換言之，我也無法做民調，要大家選出「最受景仰」的未上市企業。

儘管如此，我很清楚知道自己要找的是這樣的公司：表現傑出、必要時願意放棄營收或擴大版圖、願意追求比「賺更多錢」還重要的目標的未上市企業。

我所指的「表現傑出」，是擁有獨特願景與營運模式的企業。我擔任《企業》雜誌總編輯與撰述者的多年間，已找到幾家符合這項標準的企業。而且我相信，再深入研究必定可找到更多類似的故事。我盡可能放大搜尋網絡，詢問每一位我認識的人，請他們推薦適合的企業。我也上網搜尋，查詢報章雜誌的資料庫。

累積較長的候選名單之後，我開始初步篩選，挑出最有可能符合以上標準的企業。接著我開始與這些企業進行訪談，並進一步縮減名單，將目標鎖定在真正讓這些公司與眾不同的特質。

不可避免的，在我決定哪些企業符合標準、哪些不符合時，必定有主觀因素攙雜其中。為了將主觀因素降至最低，我又加入了以下標準：

1我將範圍限定在那些曾經有機會可以快速成長、擴張規模、公開上市或併入大型企業，但是創辦者與經營團隊刻意選擇「不」這麼做的公司。

2 我鎖定受到同業、競爭對手尊敬與仿效的企業。
3 我只挑選表現傑出，並公認值得受到肯定的公司。

接下來，是關於「規模」的問題。「大」與「小」是相對的，而且是高度主觀的用詞。對一個年營業額二十萬美元的家庭企業老闆來說，一家擁有六位員工、年營業額達二百萬美元的企業顯得非常龐大。但對主流媒體來說，年營業額不到三億美元的公司都屬於小型企業。我記得《商業週刊》（*Business Week*）有一篇文章，形容一家年營業額高達一億四百萬美元的公司為「超迷你」企業（稍後我會提到這家公司）。

你的公司有幾個人？是否維持在「人性規模」之內？

隨著研究的進行，我漸漸清楚了若依照我寫這本書的初衷，真正關鍵的「規模」不是營收數字，而是員工人數。我要尋找的公司，員工人數應維持在所謂的「人性規模」之內，也就是：每一個人都認識公司裡的任何一位同事，公司執行長會親自面試新進員工，員工與公司關係緊密。

問題是，所謂「人性規模」的極限，是多少位員工？最後，我決定納入幾家企業，代表這個現象的規模極限，也可以深入了解他們帶給我們哪些啟發。

除了規模太大或太小的企業之外，我也剔除了一些條件照理說也符合的企業——例如生活型態企業（lifestyle businesses）。這裡指的，是那種「以提供老闆在工作以外的舒適生活為唯一目標」的企業，因為這樣的企業通常只能成長到一定的規模，除非他們改變自己存在的理由，否則其實沒有太多的選擇。我也刪除了連鎖店加盟者，因為他們的願景來自於另一個老闆（也就是連鎖業者）。此外，以高階小眾市場為目標客群的精品業，也不在我的名單內，因為維持小規模本來就是精品業者的經營策略核心，他們的運作方式確實經過時間的考驗，但並不是我這本書想要探討的現象。我要找的，是那種勇於打破傳統、成功走出自己另一條道路的企業。最後，我也刪除了傳統的「母子型企業」，也就是那種為了提供母公司員工就業機會而成立的小公司。雖然有些這類公司表現不錯，但以我的標準來看，他們並不算傑出。

儘管標準很嚴格，但我很快就發現，仍然有很多符合標準的公司無法全寫在一本書內。搜尋越久，我就發現越多這樣的公司，他們存在於我們國家每一個角落，散布於每一項產業——從零售業、批發業、製造業到服務業——之中。有些因生產知名消費產品而小有名氣，多數則是因為與知名企業合作或相互競爭而出名。

最後我蒐集到的企業名單，讓我可兼顧深度與廣度，描繪這個值得重視的商業現象。書中談到的企業，都刻意選擇不公開上市、刻意限制企業成長，並因此得到經營自由。而自由，正是這些經營者們最大的回報。如果你一心追求最大的成長、引進外部資金、將公司公開上市，往往也會因此了失去了自由。

為了上市，成了企業奴隸，值得嗎？

如果你領導的是一家公開上市，或是由創投公司投資的企業，你很可能會發現自己成了企業奴隸，必須滿足各式各樣的要求。你得不斷找人、銷售、訓練、談判、握手、哄騙、安撫、警告、請求、勸誘，永遠沒完沒了。你也許樂在其中，但你很可能不再有多餘時間做其他的事情，更不用說仔細思考要為公司或自己的生活多做些什麼打算。選擇不公開上市、將股票集中在少數人、願意將其他目標置於成長之前的創業者，可得到兩大回報：控制權與時間。這兩項回報，與自由——更精確的說，是「自由的機會」——同等重要。

最後，我選出了十四家企業，包含了我認為能代表這個現象的兩種企業類型。其中，規模最小的塞利馬（Selima Inc.），是一家流行服飾設計製作公司，僅有兩名員工，位在邁阿密海灘，成立六十年。規模最大的是歐希泰納（O. C. Tanner Co.），擁有七十九年歷史，位在鹽湖城，員工人數高達一千七百人，年營業額為三億五千萬美元，主要業務是協助客戶制定員工獎勵計畫以及為客戶設計服務獎牌，二〇〇二年冬季奧運金、銀、銅牌獎章，就是出自這家公司之手。

這十四家公司分別是：

・安可（又譯「海錨」）啤酒公司（Anchor Brewing），位在舊金山，是美國第一家精釀啤酒廠。
・城市倉儲公司（CitiStorage Inc.），位在紐約州布魯克林，美國第一家獨立的檔案儲存公司。
・克里夫能量棒公司（Clif Bar & Co.），位在加州柏克萊，天然有機能量棒與營養食物領導品牌。
・艾科公司（ECCO），位在愛達荷州樹城，商用交通工具倒車警鈴與黃色警示燈領導品牌。
・錘頭製作公司（Hammerhead Productions），位在加州影城，專為電影產業製作電腦特效的廠商。
・歐希泰納，位在猶他州鹽湖城，提供員工獎勵與服務獎的績優廠商。
・瑞爾精準生產公司（Reell Precision Manufacturing），位在明尼蘇達州聖保羅市，行動通訊產品設計與製造商，包括筆記型電腦的開關裝置。
・瑞休影片製作公司（Rhythm & Hues Studios），位在加州洛杉磯，電腦動畫人物與視覺效果製作公司，曾以《寶貝》（*Babe*）一片奪得奧斯卡獎。
・搖滾寶貝唱片公司（Righteous Baby Records），位在紐約州水牛城，由歌手兼詞曲創作者安妮・第凡可（Ani DiFranco）所創立。
・塞利馬公司，位在佛羅里州邁阿密海灘，為特定客戶設計與製作流行服飾。
・戈茲集團（The Goltz Group），位在伊利諾州芝加哥，旗下的藝術家裱框服務公司，是全美國最知名的裱框業者之一。

・聯合廣場餐飲集團（Union Square Hospitality Group），位在紐約州紐約市，由知名的餐飲業大亨丹尼・梅爾（Danny Meyer）所創辦。

・巴特勒建築公司（W. L. Butler Construction Inc.），位在加州紅木城，專門承作商用專案的承包商。

・辛格曼商業社群，位在密西根州安娜堡，包括全球知名的辛格曼餐廳以及其他七家食物相關的公司。

其中最年輕的，是錘頭製作公司，成立於一九九四年；歷史最悠久的是歐希泰納，成立於一九二七年。每一家企業的歷史都不算短，也經歷過起伏，除了其中一家例外，所有公司都持續獲利，有些非常賺錢。例外的那家，是瑞休公司，沒有持續獲利的部分原因是他們對於現金的使用方式有不一樣的做法。對了，還有些表現不錯的企業不願受訪，他們的老闆明白表示，不想讓外界知道他們如何經營企業。

每個人都有一個獨特的「創業」理由，你呢？

這十四家企業的創業者，各有不同的背景、脾氣與人格特質，在事業經營有成之前，也都有很獨特的經歷——

戈茲集團的傑・戈茲是天生「生意仔」，二十歲出頭就被《富比士》雜誌封為「創業神童」，目標是賺大錢，積極追求成長，直到有一天，他發現自己再也不想過這樣的生活。

歌手兼詞曲創作者安妮・第凡可（Ani DiFranco）讓唱片大廠驚豔，他們很早就看出她具備成為歌唱界巨星的潛力，然而她拒絕大廠的邀請，自行成立了搖滾寶貝唱片公司，因為她就是不想加入大公司。

吉姆・湯普森（Jim Thompson）原本是博伊西加斯凱德（Boise Cascade，之後併購艾科公司）內最優秀的會計師，經歷兩次心臟病發之後，重新思考如何面對自己的事業。

比爾・巴特勒（Bill Butler）成立巴特勒公司時，住在加州的小社區，創業已經有十八年，累積了不少客戶。

丹・喬巴（Dan Chuba）與他的三位夥伴，都來自大型特效製作公司，他們創辦鍾頭公司的初衷，就是希望維持小規模的營運。

約翰・休斯（John Hughes）與他的創業夥伴一起離開好萊塢第一家動畫繪圖公司——羅伯特艾

布爾公司，共同創辦瑞休公司，他們的目標是打造一個「讓人們享受工作，公平誠實對待彼此，相互尊重的環境」。

塞利馬．史塔佛拉（Selima Stavola）是一位伊拉克猶太人，在巴格達長大，第二次世界大戰後與擔任軍官的丈夫移民紐約，靠著設計衣服幫助家計。時尚界與投資者都非常欣賞她的作品，公認她是未來的克莉絲汀．迪奧或香奈兒。

城市倉儲的諾姆．布羅斯基（Norm Brodsky）眼看自己的公司在短短八年內，營業額從零開始，大幅成長至一億二千萬美元，然後又從一億兩千萬美元的高峰跌至谷底，最後宣告破產，他開始思考：自己過去為什麼會如此執著於快速成長？

戴爾．麥瑞克（Dale Merrick）、鮑伯．華舒特（Bob Wahlstedt）與李．強森（Lee Johnson）都是出身3M，共同創辦了瑞爾精準生產公司，希望建立一個重視工作與家庭生活平衡的事業。

雖然這些創業家的背景不同，但有許多相似處。例如，他們都有「比營收成長與版圖擴張更重要」的目標，他們很有定見，也很有信心。「選擇應該拒絕的事，比選擇該接受的事，能賺更多錢，」聯合廣場餐飲集團的創辦人丹尼．梅爾說：「我是說真的，因為我完全沒有因此而少賺錢或犧牲品質。」

你的公司，有沒有……「那個特質」？

你可以將這本書，視為一部紀錄片。為了寫這本書，我一一採訪這些企業，希望可以弄清楚到底是什麼原因，讓他們如此與眾不同。城市倉儲的諾姆．布羅斯基提到，他曾邀請鐵山公司（Iron Mountain）董事長兼執行長理查．瑞斯（Richard Reese）造訪。鐵山是美國最大的檔案儲存公司，年營業額超過二十億美元，瑞斯在一場產業研討會上聽了布羅斯基的演講後大為激賞，於是安排來看看他的公司如何運作。

布羅斯基大約花了四、五個小時，帶領瑞斯參觀公司，介紹每位員工。正好當天布羅斯基的太太伊蓮、也是公司的人力資源副總裁，要為員工上一堂客戶服務的課，布羅斯基邀請瑞斯一起去聽，結果瑞斯聽得津津有味，忘了還得繼續下個行程。

告別時瑞斯對布羅斯基說：「你創辦了一家了不起的企業，我希望我們也可以跟你們一樣。」

「你是指哪一點？」布羅斯基問。

「我指的是你經營企業的方式，」瑞斯說：「真的太棒了。參觀完你的公司，和你們的員工聊了之後，我覺得應該要把這些做法帶回我公司，但我知道我們不可能做到。」

「為什麼？」布羅斯基說：「為什麼你們做不到？」

「公司規模變大之後就很難了，」瑞斯說：「或許你可以來參觀我們的公司，就會明白我的意思。」布羅斯基將瑞斯這番話視為對城市倉儲的讚美，並轉述給員工聽。

瑞斯對於城市倉儲的評語，正是我對書中這十四家企業的感想。他們展現出某種真實存在、令人激賞的特質，但我們很難具體說出到底是什麼特質。當我拜訪這些企業時，我可以感受得到，我可以在布告欄以及每個人的臉上看到，我可以從他們說話的聲音中聽到，我可以從他們每個人與同事、顧客與陌生人的互動中感覺到，但我一時之間也無法具體描述「這個特質」。

這讓我想起過去與當紅企業打交道時的感覺。那些企業都處於快速成長期——蘋果電腦（Apple Computer）、富達投資（Fidelity Investments）、人民航空公司（People Express Airlines）、班傑瑞（Ben & Jerry's）、巴塔哥尼亞（Patagonia）、美體小舖（The Body Shop），還有我所服務的《企業》雜誌。他們非常積極，樂觀地期待著未來，像是在推動某種運動，對於自己該走向何處有目的感、有方向感。我想，當人們發現自己完全與市場、與世界、與身邊每個人心有同感時，就會有這樣的感覺——一切似乎都做對了。

我所認識的企業中，絕大多數後來都失去了這樣的特質。而我接下來要探索的這些公司，正在努力留下這樣的特質。

給自己一點時間，培養「企業靈魂」

這特質，到底是什麼呢？

聯合廣場餐飲集團的丹尼．梅爾曾說，企業要有靈魂，他認為靈魂是一家企業之所以偉大、之所以值得存在的關鍵。

「沒有靈魂的企業，我一點興趣也沒有，」他說。而靈魂，來自於經營過程中所建立的關係，「如果你無法和員工、顧客、社區、供應商以及投資人主動建立有意義的對話，企業就沒有了靈魂。當你創辦一家企業，身為創業家的任務之一就是告訴大家：『這，是我所相信的價值。這，是我創業的理由。這，是我的觀點。』剛開始，這可能只是創業家自己的想法，但慢慢的會有對話，最後成了真正的交流。就像用棒球手套，你不能等著棒球手套變得好用，你必須去用它，才會變得好用。你必須讓新創事業有足夠時間適應環境，如果你太快跳到下一個階段，這個事業就無法發展自己的靈魂。想像一家新餐廳開幕時的情況——每個人蜂擁而至想要來這家餐廳，但感覺就是缺了點什麼，因為，它還沒有自己的靈魂。這需要時間，必須持續努力去做。」

「企業靈魂」的概念很好，但我覺得克里夫能量棒的蓋瑞．艾瑞克森（Gary Erickson），更清楚描述了這項特質。他不斷思考，自己希望克里夫能成為什麼樣的企業。二〇〇〇年秋季的一場商展上，他遇到一位非常知名的消費產品行銷人員，大力稱讚克里夫的攤位。「不像他們，」他指著另一個競爭對手的攤位說：「他們失去了魔咒（mojo）。」從此以後，魔咒也成了艾瑞克森的口頭禪。

我認為，「魔咒」正是我在克里夫能量棒、城市倉儲、聯合廣場餐飲等企業所看到的神祕特質。一個不留神，你可能就會失去這項特質。艾瑞克森在發人省思的《提升水平》（*Raising the Bar*）一書中提到，他認為克里夫的魔咒「影響了品牌、產品，以及存在的方式，讓我們顯得與眾不同。我終於明白，魔咒是一種難以捉摸的特質，必須小心翼翼地呵護」。自從商展上聽到那句話之後，他要員工找出原本擁有魔咒、後來卻失去的企業，並試著解釋失去魔咒的原因。艾瑞克森得到相當多有意義的回饋——有些企業因為不斷成長而失去創意，有些與顧客漸行漸遠，有些變得「過度商業化」，有些只顧著降低成本，有些忽略與社區建立關係，有些無法保有企業文化，有些成長幅度過大、速度太快。

艾瑞克森進一步詢問同事們，克里夫是否具備魔咒？如果有，是什麼樣的魔咒？要如何強化或運用。最後，他把所有的回答寫在活頁紙上，長期在辦公室內公開展示。看著所有答案，他清楚知道——

1多數人「本能地」知道什麼是魔咒；

2對於如何創造魔咒，每個人有不同的詮釋；

3大家傾向以魔咒所產生的「結果」，而非「原因」來定義魔咒。

十年了，他們的魔咒還在嗎？

這些公司到底做了些什麼，最終創造了屬於自己的魔咒？

首先，我發現，這些創業者或領導人與其他創業者不同，他們完全不受限於傳統標準的做法，他們質疑業界對於成功的定義，想像各種可能性，不會把自己限制在一般大眾所熟知的選項。

第二，這些領導人選擇了一般知名企業沒選擇、想必也不願意走的另類道路，並克服了過程中的沉重壓力。這些領導人仍握有公司掌控權（或重新取回掌控權），不斷尋找企業靈魂，婉謝許多好意的建議，選擇自己要走的路，不願接受外界所期待的企業型式。

第三，每家企業與所在的城市、鄉鎮有非常密切的關係。這種關係不僅是「回饋鄉里」而已，當然回饋也是其中一部分，但重點是他們所建立的關係是雙向交流的——社區塑造企業特性，企業也在社區生活中扮演關鍵角色。

第四，他們特別重視與顧客和供應商之間的關係，這些領導人起身帶頭，努力建立良好關係。顧客們會以電子郵件回應，供應商也會因此而提供更好的服務，最後在企業、供應商與顧客三方之間，建立了社群感與共同目的感。這種親密關係，是大型企業無法做到的，原因無他，就是規模太大了。

第五，也是讓我驚訝的一點，這些公司也擁有極為友善的工作環境。他們就像是功能齊備的小型社會，努力滿足員工的各種需求：除了經濟需求外，還包括創意、情感、精神及社會需求。西南航空（Southwest Airlines）的賀伯・凱勒赫（Herb Kelleher）曾觀察出，西南航空眾所周知的活潑企業文化，是建立在「盡心關照人們所有生活需求」的原則上。這，就是書中企業正在做的事情。他們打造的工作環境，讓員工感受到生活上的一切所需都被照顧到，創業者們用尊敬、公平、友善及寬容對待員工。

第六，這些公司採用的組織結構與治理模式，與一般人的想像非常不同。由於是非上市公司，他們可以建立自己想要的管理制度與方法。例如辛格曼，就創立了自己的商業社群，包括訓練公司「辛格曼訓練」（ZingTrain），負責傳授辛格曼做生意的方式。鍾頭製作公司自行發明了「手風琴組織架構」，新產品打從上市開始就強推，只要產品不再熱賣便結束業務。還有瑞爾精準生產公司，是我見過最民主的企業，該公司有兩位執行長，組織架構非常奇特，但卻運作良好。另外有幾家公司則是將自己轉變為教育機構，教導員工成功創業所需的財務、服務、領導等相關知識。

最後，我注意到，這些領導人對自己所做的一切都懷抱熱情。他們熱愛自己的事業，不論從事的是音樂、警示燈、食物、特效、啤酒、檔案儲存、建築、飲料或時尚業，他們是完美的生意人，但絕不是傳統的經理人。事實上，他們與傳統經理人正好相反，他們對公司、對員工、對顧客、對供應商，都有非常深切的情感，這種情感聯繫往往是傳統經理人的致命傷。

在這本十週年紀念版中，我修訂了舊版的文字，並追蹤這些公司在過去十年來的發展。我們將看到這些公司如何取捨、如何決策、如何對抗那些引導他們選擇另一個方向的誘惑。然後我們會分析這些企業具備的共同點，深入探索他們所採行的獨特組織架構以及營運模式。

我加入了一個新的篇章，是關於數字：這些小巨人能長期經營，有哪些共同的財務特徵？要是當年我能取得所需要的資料，我應該會納入前一版本裡。我也將談談關於接班相關的經營問題——這種企業是否有可能延續一個世代以上？如果可以，如何做到？最後一章也是前一版所沒有的，我們會來看看自從《小，是我故意的》出版後這十年來，這些「小巨人」們有著什麼樣的新發展。

首先，讓我們來看看，每一家小巨人當初如何踏出最重要的第一步？

對安可（海錨）啤酒公司的費里茲．梅泰（Fritz Maytag）來說，這一步，是起於他在一九九二年所領悟到一件從來沒有人告訴過他的事：經營企業，不見得要一直成長一直成長，不見得要更大，不見得要變得毫無人情味。

其實，可以有不同的選擇。

第 1 章

事業要做多大，才算成功？

你擁有選擇的自由，別輕易放棄

安可啤酒公司位於舊金山瑪麗波沙街上，空氣中瀰漫著啤酒發酵的香醇味，混雜著人聲。此刻正有一群觀光客，在一間以橡木裝潢而成的酒吧裡品酒。

費里茲．梅泰對眼前一切卻視而不見，站在混亂擁擠的辦公室裡，翻閱著剛寄到的一本藍綠色精裝小書，臉上滿是驚喜，彷彿發現了金礦一般。眼鏡掛在前額上，身著淺藍色襯衫、深藍色背心、卡其褲、嚴重磨損的棕色皮鞋的他說，這本書是最新版的「湖畔經典」（Lakeside Classics）系列，描述美國歷史，特別是西部開發史。唐納利出版社（P. R. Donnelley）每年會在聖誕節時推出這套書，目的是「讓大家明白小錢可以完成多少大事」。梅泰從一九一二年開始收藏這套書，並發現每隔二十年，書封顏色就會換新。「看看書架上這八十本書，有著不同的顏色，」他說：「真的很讓人感動。」

梅泰雖然是一家大型家電公司創辦人的曾孫，但卻對小而美的事物情有獨鍾——在事業上也是如此。如今已經六十五歲的他，早在四十三年前就開創了全國第一家精釀啤酒公司。到了一九九〇年代初期，美國啤酒業遇到瓶頸，迫使他不得不做出決定。其實所有成功的創業家遲早要面對相同的決定，只是多數的創業家做出決定時往往已經太遲。幸好，梅泰很早就知道自己必須做出選擇，但他差一點，就踏上錯誤的方向。

天上掉下一筆超級大生意，卻是噩夢的開始……

時間回到一九九〇年代初，在外界眼中，梅泰的事業正值顛峰。當時，梅泰經營安可啤酒公司已有二十七年了，回想剛接手時，公司岌岌可危，而他成功挽救了公司唯一的產品：安可蒸餾啤酒。在過程中，他改良了啤酒的釀造方法。今天，安可是第一家獲得全美國認可的精釀啤酒公司：採用最好的原料，用傳統配方與釀造技術，生產高品質、手工釀造的啤酒與麥芽酒。

但成功是福也是禍，安可啤酒以及接下來所推出的產品，包括安可波特酒、自由麥芽酒、老汽笛、聖誕麥芽酒等，都在一九七〇年代中期成為暢銷商品，公司的生產速度總是無法趕上龐大需求。一九六五年，年產量為六百桶，到了一九七三年產量高達一萬兩千桶，已達極限，仍然供不應求。

回想起那幾年的日子，梅泰實在痛苦不堪。顧客敲壞了經銷商的大門，所有顧客苦苦哀求，都希望能多拿到一些貨來賣。他唯一能做的，就是向所有人保證，會盡可能公平分配供應量。當然，經銷商、餐飲店老闆及啤酒零售商都不滿意，但也只好接受。

有一天，內華達州一家經銷商來了一通電話，說他們剛和雷諾米高梅賭場（MGM Grand Casino）講好了，賭場執行長是安可啤酒的頭號粉絲，非常希望賭場內酒吧隨時供應安可啤酒。

這是一筆可觀的長期大訂單，對大多數公司來說是值得大肆慶賀的好事。但對梅泰而言，卻是個壞消息。

「你怎麼跟對方說？」梅泰問。

「廢話，」經銷商說：「當然是答應了。」

「我的答案是：不。」梅泰說。

「你不是認真的吧？」經銷商說。

「我是認真的，我們沒有多餘的產能，」梅泰說：「你說我可以怎麼辦？減少其他人的供應量？」

「我沒辦法自己跟對方解釋，」經銷商說：「你必須過來一趟，親自跟對方說。」

當然，解決方案也不是沒有。例如梅泰可以外包給別的釀酒商，美國很多新成立的精釀啤酒公司，都是這樣起家的。但梅泰從未考慮過這個可能性，因為這麼做就得犧牲公司最根本的核心，違背當初接手這家公司的目的：自己生產最好的啤酒。

於是梅泰親自出馬，向對方解釋為什麼無法接受這筆生意。這位執行長非常不爽，梅泰自己也不好受。就這樣，在顧客急切的懇求與銷售最優質啤酒的堅持之間，他一直苦惱著。

每個企業都必須成長，否則只有死亡，不是嗎？

梅泰從未忘記這段經驗。一九七九年公司遷移至新大樓之後，他發誓絕不讓歷史重演，只要他在的一天，絕不再出現限量供應的窘境。接下來的十二年，他果然完全信守自己的承諾。一整個八〇年代，啤酒與麥芽酒的需求仍持續成長。到了八〇年代末期，為了預防即將發生的產能危機，他買下對街的土地，興建儲藏與包裝廠房，提高啤酒產量。一九九二年，他開始思考公開上市的可能，因為他需要籌募業務擴張所需的資金。

正好當地一位名為德魯．菲爾德（Drew Field）的人寫了一本書，對傳統上市方式所引發的問題，例如浪費金錢在無意義的投資人說明會、拉抬股價、內線交易等，有諸多批評，對於傳統上市方式所造成的結果——不相干的陌生人會在公開上市之後，成了公司的股東——提出疑慮。他認為，創業者如果想上市，應該採取「直接上市」（direct public offering）的做法，省下時間、金錢與各種麻煩。

梅泰非常認同這個想法，因此決定採取直接上市——也就是不透過承銷商，直接將公司股票銷售給大眾。他認為，啤酒廠的產能在達到上限之前，營業額仍可再提升一〇％到一五％。只要能及時擴充產能，就可避免一九七〇年代遭遇的痛苦經驗。何況，公司也必須邁向「下一個階段」——每個企業都必須成長，否則只有死亡，不是嗎？

但是，上市計畫似乎一直讓他隱隱不安。他和三位高階主管開會，長談了好幾個小時，試著思考上市之後會怎樣？新的投資人會有什麼期待？他們的需求會如何改變這家公司？還有，我們為什麼經營這家公司？我們喜歡這家公司的哪一點？我們的人生目標是什麼？

他們提出了各種想法，而且發現：對於上市，每一位高階主管心中都有疑慮。他們不確定是否真的該把公司變得更大，他們喜歡現在這樣的規模，他們並沒有梅泰口中的那種「把它帶到月球」的企圖心。假如公司的規模變大了，是否也意味著必須放棄某些他們所珍視的東西呢？

「我漸漸明白，我其實是因為覺得自己無路可走，才會想到公開上市這條路。因為我誤以為，公司非得成長不可，」梅泰回想當初的決定：「我突然明白了，為什麼不能經營一家小規模、名氣響亮、而且獲利的公司就好呢？對，我認為就該這麼做。就像開一家餐廳經營得很成功，不代表就得開分店或擴大規模。相反的，你可以維持原來的規模，然後繼續賺錢、繼續創造價值、照樣讓你有成就感。所以，我們決定不再擴張。當然，我還是很擔心供不應求的噩夢重演，但我決定，如果必須面對這個噩夢，就去面對吧。總之，只要我還在負責的一天，我們就不會成為一家大型企業。」

他從不後悔當年這個決定。當然，原本擔心的產能危機沒有發生也是原因之一。多虧了安可啤酒在一九九〇年代初所引發的創新，席捲了整個產業，許多精釀酒廠紛紛出現，補足不斷成長的需求。雖然梅泰對於某些競爭對手的做法不以為然，但整體而言越來越多對手的加入倒是讓他鬆了一口氣。因此他不僅沒有與他們為敵，反而協助正在起步階段的對手開發釀造技術。換言之，這些對手的出現讓他有了自由，可以建立一家自己喜歡、同時引以為傲的公司，過著想要的生活。

畢竟，這不就是創業的初衷嗎？

踏上人煙稀少的路，將有非常可觀的回報

對於所有想要創業的人，書中提到的企業共同傳達了一個重要訊息：如果你的公司存活了下來，遲早有一天，你必須決定這家公司應該成長到多大、要成長多快。沒有人會事先提醒你這一天什麼時候到來，或是幫助你做好準備。若去請教你的銀行、你的律師、你的會計師或任何一位你認為能給你專業建議的人，他們極有可能都會鼓勵你盡可能快速擴張事業。你的公司越大，他們的建議看起來就越正確，未來你就能和他們做越多生意。

整個世界也會傳遞同樣的訊息給你。畢竟，我們都希望成功，而且我們對於成功的想像有很大部分是受到媒體報導的成功故事等因素所影響。如果你不斷聽到「企業必須成長，否則只有死亡」之類的話，如果獲得掌聲、獲得重視的公司都是規模最大的或成長最快的，你很難相信除了盡快擴張規模之外，還有其他可以選擇的路。

你也無法仰賴你的朋友或家人為你做決定，他們當然會為你著想，但他們不會告訴你，選擇另一條路可能比較快樂，因為他們很可能也不知道有其他選擇的存在。就像絕大多數的人一樣，他們很可能也以為擴張規模是唯一的路。如果接下來他們發現你因此而整個人變了——例如花更多時間在工作上、健康受影響等，他們會責怪你的工作，而不是「決定要這麼做的你」。同樣的，當你的擴張遇上困難，你也可能會責怪同事、競爭對手、大環境、政府，都是他們害了你。

但，你自己也有責任。

正如同書中企業讓我們看到的：你可以有選擇。選擇一條人煙稀少的道路，你所獲得的回報將會非常可觀。這條路，會改寫你事業的每一個層面，包括與工作夥伴之間的關係、你的時間與生命的自由、與環境之間的連結、從工作中得到的滿足感等等。

不幸的是，很多人必須經歷重大危機之後，才意識到自己其實可以有選擇。有人是在公司陷入困境之後才發現這一點，也有人直到面臨存亡關鍵才會覺悟——例如公司即將被出售的那一刻。

面對公司出售這件事，我們通常認為，這是企業生命週期中的正常現象，是創造股東價值的方法之一——至少傳統的認知是如此。你辛苦工作，打造了另一個人想要購買的事業，唯有將所有權轉手，你的付出才有回報。所以，對多數創業家來說，公司終將被出售是很自然的結果，就算不是他們自己賣，也會被他們的繼承人賣掉。他們認為，如果有人開出不錯的條件，就該讓公司公開上市或是被併購，將公司交給其他可以好好照顧公司並帶領公司「邁向下一個階段」的人來經營。

然而，我發現很多創業家在最後一刻改變心意。因為在那一刻，他們恍然明白了，自己可以有另一種選擇。

對費里茲．梅泰而言，這個關鍵時刻就出現在他即將要讓安可啤酒公司公開上市的時候。對蓋瑞．艾瑞克森而言，則是發生在他準備以一億二千萬美元的價格，出售年營業額達到三千九百萬美元的克里夫能量棒的那一刻。

想清楚：你真的想把自己的公司賣掉嗎？——克里夫能量棒公司的故事

時間是二〇〇〇年四月的某個早晨，交易內容都已談妥，準備正式簽約，買方代表已經在等待。艾瑞克森只告訴我，買家是一家位於美國中西部的食品集團，不過有消息來源指出，買主就是桂格麥片。照理說，他應該感到高興，因為對方的開價高得令人羨慕，夠他這輩子花用，而且他還可以保留百分之五十的股份。才不過短短八年前，他只是一貧如洗的自行車手、攀岩選手兼音樂家，後來才在母親的廚房裡自行研發能量棒的配方，然後以他父親的名字為公司和產品命名。今天，他可以帶著六千萬美元離開，夫復何求？

然而，此刻他和工作夥伴麗莎．湯瑪斯（Lisa Thomas）站在加州柏克萊的辦公室裡，突然悲從中來，雙手開始顫抖，胸口喘不過氣來。他的恐慌症發作，於是跟麗莎說，他需要到外頭走走。

直到這一刻，艾瑞克森心中仍相信，出售公司是唯一的出路。活力棒（Power Bar）與平衡棒（Balance Bar）這兩大競爭對手，已分別賣給雀巢（Nestlé）與卡夫特食品（Kraft）。他和當時擔任執行長的麗莎，都擔心自己有一天必須和手上握有龐大資金、足以在一夕之間將他們逐出市場的數十億美元大集團正面對決。他們當時相信，只要把公司賣給另一個大集團，就可以保護克里夫和員工，而且他們自己仍可以掌控公司。

但就在那個春天早晨，艾瑞克森走在街上，突然哭了起來，對自己當初的決定感到懊悔。這時，他突然閃過一個念頭：交易尚未完成，什麼約都沒簽，還來得及改變主意。就這樣，原本悲傷的情緒瞬間化為無形，他立刻回到辦公室，告訴麗莎他不想賣公司了，請她把這消息告訴買家、銀行與律師。

這個決定可以說很帶種，但也可能蠢斃了。因為艾瑞克森這麼做，不僅和自己的荷包過不去，也意味著接下來他的小公司必須在眾多大型集團環伺下求生。銀行向他保證，不消多久他就會在市場上被殲滅，創投業者也給他同樣的答案。工作夥伴麗莎也這樣認為，她不希望看見自己努力的心血化為烏有。沒多久她提出辭呈，並堅持艾瑞克森必須支付她現金，買回她的股份。最終雙方達成協議，艾瑞克森必須在五年內支付她六千五百萬美元。其實當時艾瑞克森的銀行戶頭裡，只有一萬美元。

隨後，艾瑞克森自己接任執行長，他的第一個任務，就是思考公司的未來，並重振在賣公司過程中被摧毀的士氣。「員工的士氣跌至谷底，混亂程度達到最高點，」他坐在柏克萊的辦公室裡回憶：「我必須很誠實回答以下的問題：為什麼我要繼續經營這家公司？我們為什麼要創辦這家公司？我明白了，我之所以堅持，就是為了證明我有能力帶領一家能賺錢、可永續經營的健康企業。」

於是他和員工一起努力，讓公司重新步上正軌。儘管債務仍未還清，克里夫公司成功站穩了腳步。不僅站穩，業績還蒸蒸日上。接下來五年，公司業績從一九九九年（原本打算賣公司的前一年）的三千九百萬美元，成長至二〇〇四年的九千二百萬美元，而且是在沒有任何外來資金挹注，也沒有大幅擴張人力下的成果。

艾瑞克森與梅泰的遭遇，極為戲劇性，但是你不必像他們那樣等到公司公開上市或被併購的前一刻，才發現自己陷入了和他們相同的處境。

小餐廳生意好，就去開分店，通嗎？——辛格曼商業社群的故事

讓我們來看看位於密西根州安娜堡的辛格曼餐廳創辦人艾里．溫斯威格（Ari Weinzweig）與保羅．薩吉諾（Paul Saginaw）的例子。一九八二年創店時，他們希望提供消費者最精緻的手工食品、最美味的三明治。「我希望大家談起其他品牌的三明治時會說：『味道還不錯，但還是辛格曼的好吃。』」

十年內，他們不僅達到目標，而且遠超乎他們原先的預期。《紐約時報》（*The New York Times*）、《美食家》（*Bon Appétit*）、《健康飲食》（*Eating Well*）等媒體，都大力推薦。「在辛格曼店裡，」小說家吉姆．哈里森（Jim Harrison）在《君子》（*Esquire*）雜誌中寫道：「如果世上有如此美味的食物可以享用，我感覺這個世界其實沒那麼糟……辛格曼擁有別的餐廳所沒有的親和力。」

儘管他們成功了（應該說非常成功），他們後來發現其實有更好的選擇。溫斯威格清楚記得，他改變心意的那一刻，是在一九九二年酷熱的夏天。當時正值午餐的尖峰時間，生意正好，卻發生冷氣機故障，他正為了解決問題忙得團團轉，薩吉諾突然跑過來說：「艾里，我有話跟你說。」

「好啊，晚點吧，」溫斯威格說：「我正在忙。」

「不行，這件事情非常重要。」薩吉諾堅持：「現在就談，走，到外面去。」

溫斯威格不情願地跟著薩吉諾走到側門，坐在一張長椅上。「好吧，到底是什麼事？」

「艾里，」薩吉諾說：「我們的餐廳十年後會是什麼樣子？」

「我不敢相信，」溫斯威格多年後回想當時的情況說：「我心想，我忙到快抓狂了，冷氣機還沒修好，廚房人手不夠，他竟然拉著我討論十年後的事情。不過我得承認，這是個好問題。」

就從那時候開始，他們展開長達兩年的討論。薩吉諾強烈認為，成功讓他們變得驕傲、自滿，競爭對手很容易就能複製辛格曼的經營模式，搶走辛格曼的顧客。他們最近才打完一場侵權官司，讓薩吉諾體悟到，就算有法律的保護，也取代不了創新。餐廳必須繼續改善，嘗試不同做法，才能提高競爭者的進入門檻。辛格曼需要新的願景，來刺激自己成長。薩吉諾認為，應評估所有可能的選擇，例如到其他城市開分店——這是餐廳最合邏輯的成長方式。許多人建議過我們，而且都想加入。「如果我們不做，就太笨了。」薩吉諾告訴溫斯威格。

問題是：溫斯威格強烈反對。「我可不想大老遠飛到堪薩斯市，開一家平凡無趣的辛格曼餐廳，」他說。「我想做某件偉大且獨特的事，而一旦複製了原創，就失去了獨特性。我告訴保羅，從商業的角度不能說你錯，如果這是你要的未來，或許你應該去做，但我不想參與，我會離開。」「你要了解，」薩吉諾說：「艾里是那種會鑽研橘子果醬歷史的傢伙，他對食物有難以割捨的情感。招牌上掛著他的名字，他可不希望端出去的涼拌捲心菜不好吃。我告訴他，我們來想其他辦法。」

然而，很難找到兩全其美的方法。薩吉諾和溫斯威格不想被併購或是搬到其他城市，也不知道還有哪些成長策略適合他們這種小型企業。他們大量閱讀、思考以及討論，經常坐在店旁的野餐桌交換想法。他們寫下願景宣言，寫了又重寫，同時向業內與業外人士尋求建議。

一九九四年，他們終於完成了心目中理想的改革計畫。他們把新公司命名為「辛格曼商業社群」，簡稱為 ZCoB。溫斯威格與薩吉諾預計在二〇〇九年之前，成立十二至十五種不同的事業體。每個事業體都是小規模、地點都在密西根州安娜堡區域、名字都冠上「辛格曼」。每一家公司有自己的特色和市場定位，但都必須提供顧客高品質的食物和服務，同時讓 ZCoB 的財務表現更好。最早創辦的，是辛格曼麵包店、辛格曼餐廳，後來接著成立的是辛格曼訓練公司、郵購公司、貨運公司、乳品公司、蔬菜專賣店等等。

這項策略如果奏效，辛格曼就能避開許多公司所面臨的共同困境：在成立多年後必定會遭遇到的成長停滯與衰退問題。溫斯威格與薩吉諾希望公司成長，同時能保留最初成立時所具備的特質——包括與社區的緊密聯繫、與顧客的親密關係、員工的團隊精神、高品質的食物與服務等。不論接下來十五年辛格曼成長多大，它仍是一家由小型地方企業組合而成的集團，每個事業體都努力在所屬的行業中做到最好。

後來，這項策略果然成功為公司重新注入活力，兩位創辦人也重新拾回創業的熱情。二〇〇二年，這項擴張計畫仍持續進行，總共擴張成七家事業體。「創業二十年了，我比以前更期待來上班。現在有更多樂趣，而且也比較能夠接受生活中的現實面。」溫斯威格說。

為「營業額」打拚，真是蠢斃了！——城市倉儲公司的故事

並不是所有的創業家都像溫斯威格、薩吉諾、梅泰與艾瑞克森一樣幸運。有些人需要更大的打擊，才能明白這個道理，特別是那些陷入城市倉儲創辦人兼執行長諾姆．布羅斯基所稱的「土撥鼠節症候群」的創業家。

布羅斯基在業界已有二十五年以上的資歷，他發現創業者非常容易陷入同樣的行為模式，一再犯同樣的錯誤，就像電影《今天暫時停止》（*Groundhog Day*）中的主角。布羅斯基對這個現象再熟悉不過，因為他自己就是這樣。

一九七九年，他第一次創業，開了一家郵件公司，地點位在曼哈頓。這個產業沒有任何進入門檻，所以是世界上競爭最激烈的市場。基本上，數百家郵件公司只能運用價格戰，去搶同一群顧客。然而，布羅斯基決定切入一個可獲利的小眾市場。

這得歸功於一位在廣告代理商工作的顧客。他告訴布羅斯基，有哪家郵件公司可以開立一種發票，上面能顯示哪位代理商客戶應該為該次送信服務付費，她會使用這家郵件公司的服務。

今天回頭看，這實在是非常簡單的要求，但回到當時，其實許多小型業者仍在使用傳統打字機，無法製作出這種發票。但布羅斯基找到方法，他是同業中少數最早購買電腦的人之一，有了電腦，布羅斯基就可以開發客戶所需要的軟體，公司的業績因此突飛猛進。這家名為「完美信差」（Perfect Courier）的公司，連續三年名列《企業》雜誌五百大成長最快速企業。

當時正是金錢遊戲狂飆的一九八〇年代，流行著垃圾債券、惡意購併、市場禿鷹。布羅斯基也想要豪賭一場，讓公司公開上市，在全國各地開設分公司。他的企圖心，說穿了就是為了一個數字。「如果你問我當初想要什麼，我一定毫不猶豫告訴你，一家營業額一億美元的公司，」他回憶說：「我沒有辦法告訴你為什麼，我也從沒想過為什麼，反正這就是我的目標。我要擁有一家一億美元的公司，為了達成目標我什麼事都願意做。」

一九八六年，布羅斯基購併了一家公開上市的同業，新公司改名為城市郵局（CitiPostal），成了美國成長最快速的公開上市公司，每年營業額高達四千五百萬美元。但這個數字，距離他的目標仍相當遙遠。一位朋友告訴他，另一家年營業額七千五百萬美元的天空信差（Sky Courier）正準備出售，雖然明知道這家公司營運有些問題，但是布羅斯基心想，只要買下這家公司，就可一舉達到一億美元的目標了。

他實在無法抗拒這個想法，最後，不顧所有人的反對，他決定收購天空信差。

果不其然，收購之後引發了一連串災難。天空信差的問題，遠比他想像中嚴重。布羅斯基先從完美信差撥五百萬美元投入天空信差，後來發現不夠，又額外追加二百萬美元，並以完美信差信用為擔保去貸款，以維持天空信差的營運，兩家公司的命運也因此綁在一起。他相信，任何難關他都可以安然度過。

「當時我完全沒想到，會發生不可預期的狀況。」他說。首先，是一九八七年十月股市崩盤，許多財經媒體損失慘重，而他們正是天空信差的核心顧客，業績一夕之間幾乎掉了一半。其次，傳真機的普及也重創天空信差，越來越多人利用傳真機傳遞文件，不再需要送信公司，幾個月之間，公司業績下滑了百分之四十。

這兩大事件，重創公司營運。一九八八年九月，城市郵局所有事業體申請破產保護，三年後，員工人數腰斬，營業額也只剩下不到二百五十萬美元。「這真是極大的挫敗，」布羅斯基說：「我花了好幾年才完全想通，到底發生了什麼事、原因是什麼以及如何不再犯同樣錯誤。」

以前他也面臨過挫敗，但唯有這一次，真正逼迫他去思考：當初為何想創業？心中真正要的是什麼？這次經驗也讓他驚覺到，自己對員工有責任。「在發生問題之前，我只想到不斷提升業績，擴張規模，」他說：「我從沒想到自己的決策對別人帶來的影響，但就在我們申請破產保護的那一刻，我知道我錯了。」

「只有當你陷入財務危機、麻煩上身時，你才會真正了解箇中滋味。每個人都急著打電話給你，想知道什麼時候可以拿到錢，你得想盡辦法讓公司繼續營運下去。假如律師說『或許應該考慮申請破產保護』，你會說『不行，絕不可以』，但其實你只是不願意接受自己無力扭轉頹勢的事實罷了。你會繼續投入工作，埋首於日常瑣事，越陷越深。你必須加快催收應收帳款，因此只好將壓力轉嫁給顧客，然後讓顧客很不爽。你必須緊守住現金，所以得盡量拖延付給廠商的帳款，然後讓廠商很不爽，你的員工知道公司出問題，會不斷問東問西。但你孤立自己，不想和任何人說話。你陷入了惡性循環，最後你還是明白了，除了申請破產保護，你已別無選擇。

「就在這時你看清了現實，突然間你明白自己錯了。我當時心想，天啊，看看這些不得不遣散的員工！我雖然損失慘重，得回補大筆資金，而且不再支薪、必須減少生活享受，但生活也還過得去。可是，這裡有好幾千人依賴我生活，如今他們就快失去了工作。如果你是個正直的人，如果你還有一點良心，你一定會想：我怎麼會把事情搞到這種地步？」

不過當時他並沒有立即知道接下來該怎麼辦，部分原因是他有太多現成的藉口——誰能料到股市會崩盤？誰能預知傳真機會變得這麼普遍？但布羅斯基的心裡非常明白，不該責怪外在環境，最後他強迫自己面對事實：是他自己，讓公司陷入危機，是他自己，摧毀了一家體質健全、有獲利能力的企業。如果當初不是他決定購併天空信差，不斷投入大筆資金，城市郵局一定有能力迎戰外在環境的變化。

問題很明顯：他為什麼讓一家成立八年的公司冒這樣的風險？「我必須承認，我之所以這麼做是本性使然，」他說：「我喜歡冒險，我喜歡走到懸崖邊，然後往下看。這是土撥鼠節症候群的人格特質，結果呢，害這麼多人失去了工作。錯根本不在他們，我無法形容到底有多慘，如今我絕對不會做出傷害任何人工作權的決定，這就是我學到的慘痛教訓。」

他也領悟到，必須控制自己衝動行事的傾向才行。就像許多企業家，他討厭花時間去仔細想得更清楚，他喜歡當下做出決定。許多人警告過他購併天空信差太過冒險，但是他聽不進去，一意孤行。如今他必須放慢速度，更用心傾聽。他開始培養新習慣：做決定之前，先聽聽別人想要對他說的話。

最重要的，布羅斯基開始反省：到底自己希望從創業過程中得到什麼？為了能擁有一家一億美元的公司，他錯過了大女兒的童年，此刻還要再錯失小女兒的童年嗎？他和太太伊蓮都酷愛旅行，但他過去每一次旅行都是為了工作。他已經有超過十二年沒真正休假，幾乎沒有家庭時間。他所失去的，再也討不回來，未來他絕不再犯相同的錯誤。

很明顯，他最大的錯誤就是過度看重營業額的成長，而非獲利。擁有一家營業額僅一千萬美元、但是賺錢的公司，其實好過一家營業額高達一億美元、卻不賺錢的公司；擁有一家因為高品質服務以及快樂員工而博得社區與業界口碑的公司，比擁有一家規模大、但卻名聲不怎麼樣的公司要好得多。

如今，他很慶幸有過這段慘痛經歷。「有些人就是得犯下致命錯誤，才能真正學到教訓，如果沒有經歷這一切，我絕不會反省，也不會有今天的成就。」

布羅斯基的遭遇非常特殊，我們未必得像他那樣歷經危機，才意識到其實自己有所選擇。事實上，書中多數創業家在選擇自己要走的路之前，並沒有經歷什麼危機，也不曾因為拒絕成長而感到痛苦。他們似乎本能地知道，自己有哪些不一樣的選擇，能夠抗拒那些使得公司擴張太快或朝向錯誤方向發展的壓力與誘惑。

他們最害怕的反倒是與環境妥協。這些人對於自己所做的一切，都懷抱著熱情，不斷要求自己做到最好。問題是，通常當他們越成功堅守初衷，初衷就越難堅守。成功，讓他們面臨更多機會與誘惑，因此更必須努力讓自己不偏離方向。

你的咖啡好棒，要不要開分店呀？——聯合廣場的故事

聯合廣場的丹尼·梅爾就是一個很好的例子。他在很年輕的時候就成為紐約餐飲界的明星。梅爾生長於聖路易市，大學畢業後搬到紐約。一九八五年，二十七歲的他開了第一家聯合廣場餐廳，廣受好評，《紐約時報》也給了三顆星評價。

有人找上他，希望與他合作開另一家餐廳。於是他開出了合作的三大前提：一，新開的餐廳必須像聯合廣場一樣特別；二，必須能提升聯合廣場的價值；三，必須讓他的生活更平衡，而不是增加他的工作時間。

「我希望透過這些前提，阻止自己去開另一家餐廳，」他說：「聯合廣場就像我創作的一部小說，我不相信自己還能寫出另一部同樣棒的小說，何況我沒有時間，我現在已經每天工作十六個小時。」

不過，梅爾後來還是開了第二家餐廳，叫作「葛萊美西小築」（Gramercy Tavern），同樣位在聯合廣場一帶。他之所以決定開這家餐廳，一來是剛好有機會請到一位廚藝精湛的主廚，二來聯合廣場中階幹部的流動率提高讓他感到憂心，如果無法為這些員工創造提升的機會，人才就會不斷流失。

而且梅爾自己也需要改變。「聯合廣場是一部好的作品沒錯，但我也想發表新的創作，」他說：「我不能因為自己閒不下來，就改變一家成功的餐廳，但我也不必限制自己只投入同一家餐廳。」

葛萊美西小築於一九九四年開幕，剛開始也經歷了一段調整期。「每一家新餐廳都有許多待改進的地方，」他說：「餐廳就像酒，新釀造的酒不夠香醇，但隨著時間增長，會越來越完美。」

葛萊美西小築正是如此。一九九七年，葛萊美西小築獲得美國餐廳評鑑指南《查格評鑑》（*Zagat Survey*）評選為紐約市最受歡迎餐廳的第四名（聯合廣場是第一名），隔年仍維持第四名，到了一九九九年上升至第三名，二〇〇〇年升至第二名，僅次於聯合廣場。之後兩家餐廳維持第一與第二的排名，直到二〇〇三年，葛萊美西小築升至第一名，聯合廣場第二。二〇〇四年，兩者的名次對調，二〇〇五年，葛萊美西小築再度重回第一名的寶座，聯合廣場位居第二名。

一九九〇年代的經濟繁榮，改變了美國餐飲業生態。房地產商發現，有名的大廚可以為餐廳附近的社區增添話題，刺激當地飯店、賭場、博物館的成長。於是在房地產商的炒作下，許多大廚——像是渥夫甘・帕克（Wolfgang Puck）與陶德・英格利希（Todd English）等——都成了名人。梅爾當然也被房地產商看上，紛紛找上門，希望說服他到拉斯維加斯、洛杉磯等城市開聯合廣場或葛萊美西小築的分店。

開餐廳的「五分鐘原則」，還有……員工的前途

但梅爾拒絕了他們的請求，而且還發明了一個所謂「五分鐘原則」——絕對不在距離家裡五分

鐘腳程之外的地點開餐廳。之所以會想出這條原則，除了因為他是真的不想擴張之外，其實還有一個很實際的原因：他認為餐廳老闆很重要的工作之一，就是「出現」在餐廳裡——讓大家認識你，上餐時觀察員工與顧客的行為，並與他們互動。

二〇〇〇年，喜達屋飯店與度假村集團（Starwood Hotels & Resorts）決定在聯合廣場附近蓋一家W飯店，他們邀請梅爾在飯店內開餐廳。開過幾次會之後，梅爾拒絕了，因為他認為W飯店是一家連鎖飯店，有自己的特色，「但那不是我的特色。」

從一九九八年至二〇〇四年，他在聯合廣場一帶開了四家餐廳，每一家都有獨特的主題與定位，這才是他要的特色。其中，麥迪遜公園十一號（Eleven Madison Park）是一家「氣派奢華的餐廳」，以裝飾藝術風格裝潢的寬敞用餐環境與酒吧而聞名，塔布拉（Tabla）則是提供美國與印度混合料理的美食，藍煙／爵士標準（Blue Smoke/Jazz Standard）是一家烤肉店，源自於梅爾出生地聖路易市的地方料理，擺動小屋（Shake Shack）則是傳統口味漢堡與奶酪專賣店，位在聯合廣場市中心。

這些餐廳就像是一位天才作家所寫成的不同小說，每一部小說都有獨特的劇情主軸和角色人物，從菜單、地點、用餐空間的氣氛、服務生的穿著、食物的味道與氣味，都展現著每家餐廳特有的鮮明性格。然而，這些餐廳也有共同的風格，那就是：自然、溫暖、不著痕跡的服務，顧客們不覺得自己被服務，而是感覺自己到一位陌生人家作客、受到主人熱情款待。梅爾稱之為「有感款待」（enlightened hospitality），也是他的成功關鍵。

不過漸漸的，他對於「成長」這件事也不再那麼反感了。原因很多，首先，他的管理團隊、合夥人以及員工已經有能力面對公司的成長，也積極尋求新的挑戰。「我發現自己反而是團隊裡對成長有所保留的少數，」他說：「但我會選那種很期待公司成長的人在身邊工作。他們非常有企圖心，如果你希望自己的餐廳能長期保有最佳表現，就得雇用有企圖心的人來當你的員工。當然，並不是團隊裡的每一個人都對成長有興趣，但要讓一家像聯合廣場這樣擁有十九年歷史的餐廳保持警覺心，就必須雇用每天都在想著如何找到更好方法去做每件事的人。時間一久，公司裡具備上述特質的員工就會達到關鍵數量。我的工作之一，就是去了解員工的期待，善用他們的優點。」

因此後來他的「五分鐘原則」也破功了，二〇〇四年，他決定在整修後的現代美術館（Museum of Modern Art, MoMA，位在曼哈頓西五十三街）內開設一家餐廳及兩家咖啡館，就叫作「現代」（The Modern）。「我再也不能跑遍所有餐廳，」梅爾說：「所以我很清楚自己的角色必須從『餐廳老闆』轉變為『餐飲公司執行長』了。」

其實早在九〇年代初期，一位聯合廣場的老顧客就曾經建議梅爾到現代美術館開餐廳。這位老顧客是一位出版商，名叫保羅．戈提里耶（Paul Gottlieb），當時擔任美術館的委員。梅爾有些心動，因為他母親在聖路易市擁有一家藝廊，全家都是美術館會員，家中牆上總掛著現代美術館的月曆。但當時梅爾覺得，自己還沒有準備好，這個構想也不了了之。如今，他準備好了。

這幾家餐廳與咖啡館，和梅爾其他餐廳非常不同，因為會有一種他過去從未遇過的客人：非自願顧客。「我們在設計這兩家咖啡館時，會用同理心去思考，當人們走進咖啡館時會有什麼感覺，」他在開幕前幾星期說：「一般餐廳都是獨立的，我們無法知道客人走進餐廳之前做了些什麼事，他們可能剛下飛機，剛結束一場商業會議，也可能從飯店房間出來，經過二十條馬路才來到這裡。但美術館裡的咖啡館，是專為那些來看展覽的人而存在的。所以我們必須進入這些人的思考模式，想想他們在美術館待了幾小時之後，可能帶著小孩，可能來自別的國家，這些人進了咖啡館會有什麼期待？這對我們來說，是非常不同的經驗。我們發現在這裡，服務一定要快，因為客人已經花時間去看藝術品，之所以會選擇在美術館裡吃東西，很可能只是要雙腳好好休息、填飽肚子、快快吃完。因此我們的工作就是思考，除了滿足這三項基本需求之外，還可以做些什麼？」

這裡還有一個不同點，就是美術館的知名度。這對梅爾來說是壓力也是機會，「一般餐廳單獨開在大馬路上，餐廳本身就可以是一個故事，但是在這裡，餐廳只是大環境中的一個元素，我們要隨著大環境的改變而調整我們的服務。」

如今，公司員工已超過一千人，而且仍繼續成長。管理團隊已擬定好策略，因應未來持續的擴張。同時，梅爾對於整體流程的思考也有了改變。「以前開新餐廳時，我們最關心的是有沒有好構想，但現在我也會同時思考新餐廳是否符合整個集團未來的成長計畫。」他說。

開新餐廳還有一個目的，就是提供員工生涯發展的機會，讓員工們不必離開聯合廣場，一樣有成長空間，一樣有機會接受新挑戰。如此一來，梅爾不僅可以留住他不想失去的好人才，同時也能——套用梅爾的話——運用他們的才能「為新餐廳注入酵母」。「藍煙的主廚之前在聯合廣場待了八年，總經理也是，服務總監則是在葛萊美西小築工作了五年，糕餅主廚也在塔布拉與麥迪遜公園十一號工作三年，還有其他更多的例子。我們相信，如果一開始對於我們的文化有高度認同，餐廳就會是我們所要的樣子。」

這樣的改變，也迫使梅爾以不同方式思考公司的發展。至今為止，聯合廣場是由數家獨立餐廳結合而成，但是他知道日後必須將所有餐廳視為同一個組織才行。他必須思考：整個集團未來要如何發展？中央控管到何種程度？哪些事情必須由中央控管？員工與公司之間是什麼關係？例如在餐廳上班的員工們，應該視自己為餐廳員工，還是集團的一分子？「我們內部為此爭辯了許久，」他說：「我認為員工應該先認同他們工作的餐廳，其次才是集團。」

這些餐廳與集團之間，有著一種微妙的平衡——餐廳是集團一部分，但卻各有特色。梅爾說，每家餐廳就像是他的孩子，每個人都有自己的個性，但你絕對不必懷疑他們是否來自同一個家庭。

要有所選擇，就要先有所堅持

成長與擴張，會有什麼樣的風險呢？當集團規模變大了，是不是必然會失去某些東西？比方說，梅爾還能與顧客之間維繫好交情嗎？「也許顧客和我之間很難再像過去那樣親密，」梅爾說：「但他們一定希望和餐廳員工成為好朋友，今天早上我進辦公室，就收到三封電子郵件，說他們很喜歡在我們的餐廳用餐。有一封提到店長，另一封肯定餐廳經理，最後一封則是讚美一位服務生。我們的員工都會去想，要如何讓餐廳做到更好。當然，我們最大的挑戰就是如何不失去餐廳的靈魂。一旦失去了，我想我不會再讓餐廳成長，我對這種餐廳一點興趣也沒有。」

梅爾是樂觀的，他認為他可以做到「一邊擴張，一邊保有靈魂」。畢竟在創業初期，他成功抵抗擴張的誘惑，保留了靈魂，才有今天的成就。這意味著，他有能力選擇要成長多大、多快速。

這又帶給我們另一個啟發：**如果你希望可以有所選擇，就必須先有所堅持**。所有成功的企業，都曾面臨成長的壓力，壓力來自四面八方，從顧客、員工、股東、供應商與競爭對手等等。正如同接下來我們即將看到的，如果你不為自己堅持，這些力量就會替你做決定，到後來，你連走自己路的機會都沒有。

第2章

老闆，魔鬼現身了……

你打算把公司帶往哪個方向？

馬丁．貝比奈克（Martin Bainec）一九八八年創業時，心裡完全沒有想到成為美國成長最快速的公司之一，更沒想到能公開上市或出售給創投公司。然而，當他知道這兩種情況都可能實現時，並沒有特別高興。「我希望經營一家小公司，沒有複雜的人事問題，可以過我想要的生活，」他說：「這就是我要的。」

然而，這個理想並沒有真正實現，而他的經歷也讓我們看見創業者所面臨的龐大成長壓力。

那一年，貝比奈克只有三十三歲。他曾在海軍購物中心（Navy Exchanges）擔任人力資源經理十二年，那是一家由美國政府所成立的零售店，在全球美國海軍基地設有分店，年營業額為三十億美元。他曾被派駐在戴維斯維爾、羅德島、西雅圖、華盛頓、日本橫須賀、義大利那不勒斯、加州奧克蘭等城市。他和太太克里絲娜想定居在奧克蘭南方的聖萊安德羅，於是買了房子，克里絲娜也剛生下他們的第一個小孩。

錢燒完了，要不要跟魔鬼打交道？——三網公司啟示錄

貝比奈克早已厭倦在大公司上班，心生創業念頭。他花了兩年尋找各種創業機會，有一回在一場人力資源研討會上，發現了一種新型態公司，也就是專業雇主組織（professional employer organization, PEO），專門為中小企業處理人力資源問題的委外服務公司，也稱為人力租賃。兩個月後，貝比奈克辭掉工作，用他僅有的五千美元存款創業，取名為三網（TriNet Inc.）。

接下來就是新創公司都免不了的、坐雲霄飛車般高低起伏的經歷，他就像很多創業者，一心只想著如何讓公司擴張得更快、更大。

然而，唯有克服這些壓力，你才有能力選擇自己希望的公司型態。這是非常重要的，隨著公司成長，要持續保有所有權與控制權，遠比很多人想像中困難許多。而且就算你成功保有控制權，還是得繼續應付來自四面八方要求公司持續成長的壓力。

剛開始，貝比奈克的公司似乎不太可能撐到需要他思考這些問題的時候。有約兩年時間，他老在想自己怎麼會走到這種地步，要怎麼做才能讓公司起死回生。

那一年，公司瀕臨倒閉，僅剩一名全職員工、六位客戶，這下他才發現自己根本不懂業務與行

銷，也沒有特別擅長的本事。他必須花錢與花時間，培訓那些從未聽過「專業雇主組織」、「人力租賃」的客戶。與此同時，他的第二個孩子即將出生，而他已經負債二十五萬美元。他散盡家財，四處調頭寸。他說，那是他人生中的最低潮，坐在廚房餐桌旁眼眶含著淚水，心中咀嚼這個重大挫敗，他告訴太太：「我走投無路了。」

事實上，當時也不是真無路可走，他還是可以嘗試對外募資，只是成功機率非常低——一家帳戶裡沒錢、即將破產的公司，誰肯投資？如果人家問起，未來兩年的營運和過去兩年有什麼不同，他要如何回答？

對於第二個問題，貝比奈克倒是心中有定見。因為過去兩年的他，採取的策略與別的同行一樣，都是盡可能爭取最多客戶，建立龐大顧客群，以便取得經濟規模的優勢，例如提供客戶較低成本的保險。但是，他沒有錢打廣告，只能靠老客戶介紹新客戶，因此短期內根本無法達到理想的規模。

後來他明白了，不應該跟別人採取相同策略，應該要有「市場區隔」才行。他要找的，是那些最需要他的服務、而且不介意高收費的客戶，特別是矽谷的高科技成長公司。這種公司背後都有著龐大壓力，必須全力投入技術研發，貝比奈克可以幫助他們減輕負擔，讓他們不需花時間處理人力資源等行政瑣事。而且科技業彼此往來密切，如果三網做得夠好（這點他很有自信），客戶就會推薦其他公司。

在他這一行，幾乎沒有人這樣做。大家都想要取得更好的經濟規模優勢，怎麼可能反其道而行，倒過來「挑」客戶？但是貝比奈克當時為了生存，必須找到新方法才行，他需要在最短時間內吸引足夠高收費的客戶，並且透過他們推薦給更多人。

然而，除非他能籌到錢——例如十萬美元，讓公司再撐數個月——否則這個構想根本無法落實。要籌到這筆錢，他得擬定好一份商業計畫，製作一份有說服力的專業簡報給潛在投資人。他必須在矽谷租一間房間作為簡報之用，還必須邀請外部專家協助。光是做好以上幾件事，就得投入更多時間與金錢，這一來他的家庭勢必陷入更沉重的債務負擔。何況，成功的機率不會太高，如果失敗，他一切都沒了，包括房子，只能帶著兩歲大的女兒和襁褓中的嬰兒流落街頭，沒有收入，窮困潦倒。

怎麼辦？貝比奈克覺得，應該讓老婆克里絲娜來做決定。他打算告訴老婆，自己可能得去找工作了。他猜想，老婆可能會說「這樣很好，你已經盡力了，只是不成功，我們還得繼續活下去」。如果她真的這麼說，他會立即結束公司，另外找份工作養家。

但沒想到，克里絲娜的父親就是創業者，也曾經歷過低潮。她告訴貝比奈克：「你確定現在就放棄嗎？你已經投入這麼多，而且還未必無路可走，難道不該再拚一拚？」

有了老婆這番話，他信心大增，立即擬好了企畫書。剛好他隔壁的鄰居也自己創業，而且懂會計，於是請他幫忙簡報財務。接著，他拜託業界權威魏里（T. Joe Willey）從聖伯納汀諾飛到奧克蘭，幫他說明產業概況。而他自己則負責解說新的行銷策略，公司唯一的員工海倫．薩拉曼卡

（Helen Salamanca）則充當大家的司機。

一九九〇年六月一個溫暖的傍晚，貝比奈克租下位在聖萊安德羅的史翠席餐廳（Strizzi）一間包廂，約四十位潛在投資人出席，其中包括了他原本就認識、而且很有可能入股的人。說明會進行得還算順利，直到螢幕上秀出公司的財報時，現金一欄的數字只剩下三十美元。「感覺公司已經沒錢了。」吉姆．漢森（Jim Hanson）說，他是專業會計師，但他非常看好貝比奈克的概念，因此投資了一萬美元，接著另外有六位投資人又加了四萬美元。這筆資金，正是讓公司起死回生的起點。

但弔詭的是，這五萬美元也是公司從此失去獨立性的開端。因為這筆錢是有附帶條件的：投資人替貝比奈克解除危機，如今貝比奈克就有義務兌現自己先前的承諾，也就是：為股東賺大錢。所以，公司必須積極快速地成長才行。

你從事的行業，也許沒有「小」的本錢

這段時期的他，專注於執行新策略，成果非常可觀。三網很快就在矽谷新創公司圈打響名氣，不久之後創投業者也注意到三網，開始推薦其他公司投資三網，自此之後，貝比奈克成了創投公司聚集地、加州門羅公園沙山路上的名人。公司一直賺錢，業務也快速成長。

但貝比奈克心裡很清楚，成長速度還不夠快。在這個產業，規模就是一切，意味著有能力提供

更好的服務，每筆交易費用更低，也更能在競爭激烈的產業中生存。

而如果要加速成長，首先他得募集大筆資金，其次要雇用有經驗的管理團隊，而且如果沒有優秀的經理人，可能也無法募得資金。但人才很難找，因為人家也會挑公司，通常只肯去規模更大、薪水更高的公司。要吸引人才，貝比奈克手上只有三張牌可打，其中兩張還是無形的：一是打造未來產業龍頭的挑戰，二是與公司一起成長的機會，三是股票分紅——當然，前提是這些股票最終能以理想的價錢出售。很明顯，公司未來的命運不是被購併，就是公開上市。

雖然費了點工夫，但貝比奈克最後還是找到他需要的人才與資金。他在矽谷已經小有名氣，所以他有機會與幾位頂尖創投家見面，可是他們很有禮貌的聽完貝比奈克的簡報後，說他們從未投資過類似的公司。不過，貝比奈克最後還是從原來的股東、其他幾位金主，以及他的幾位高階主管手中募得二十五萬美元。因為他們都了解，貝比奈克仍在計畫引進更多大型投資者。接下來的一年，他將公司五〇．一%的股票，以三百九十萬美元出售給歐洲一家大型專業雇主組織。公司的成長率年年提升，並且在全球各地開設分公司。

走到這裡，貝比奈克原本想擁有一家小而美公司的夢想，早已成了久遠的記憶。今天，他的事業與他的生活，都不再能隨心所欲。沒錯，他還是執行長，享有應得的福利，但他再也不是一位自由的創業者。他所負的責任，決定了他如何運用自己的時間、要和誰一起工作、去哪裡、做什麼，以及何時該做。

持平地說，我應該提醒大家，雖然和當初所想像的不同，但貝比奈克還是很開心。他熱愛一起工作的人，經營的挑戰也讓他充滿活力。雖然壓力很大，但他有能力承受，也逐漸習慣股東（特別是歐洲合夥公司）的監督與要求。他和老婆還是希望能搬回東部，三個孩子都還小，他們認為東部的教育環境比西部好。於是在一九九九年，他們舉家遷至紐約上城，貝比奈克得經常往返聖萊安德羅與紐約之間，雖然通勤辛苦點，但他說總比被工作綁死在同一個地方好。

我要強調的重點，不是貝比奈克最後過得如何，而是要提醒大家：貝比奈克在創業過程中所面臨的壓力，任何創業者都會有，最後很可能會讓公司朝著原先未曾計畫的方向發展。

很明顯的，貝比奈克的關鍵決定，在於他選擇了一個需要極大顧客群才可能成功的產業。如果你所屬的產業，規模是成功的必要條件，你就不可能創立一家小巨人。在這種情況下，你無法抵抗成長的壓力，就像三網所經歷的一樣，無論創業時你的資本額有多少，你遲早都得尋求外部資金。

小心！太成功也會害你失去自己的公司

話說回來，就算你從事的產業不必靠規模制勝，就算你不像貝比奈克那樣面臨倒閉邊緣，你仍很難避免成長的壓力。原因就在於「成長經濟學」今天已經成了我們社會的主流價值。

對於費里茲．梅泰而言，這樣的體悟就發生在安可啤酒的需求開始飛速成長的時候。「我突然頓悟，」他回憶說：「這麼說好了，我們身在一個資本密集產業。銷售一百個單價只有一百美元的產品，稅後純利為三美元，如果要成長一〇%，就必須多銷售十個單位。如果每增加一個單位的成長，必須投資二美元，那麼成長一〇%就需要二十美元的資金。這光靠稅後純利是不夠的，因為三美元的稅後純利只能增加一個半單位的產品，也就是說，只能讓你成長一．五%。換句話說，要有一〇%，你就必須從其他地方取得資金。

「舉例來說，啤酒市場年年成長，我們今年銷售一千箱啤酒，明年得額外生產一百箱啤酒才能滿足需求。這麼一來，我們就需要再增加一噸半的葡萄，每英畝的葡萄園可生產三噸葡萄，所以我們還需要另外半畝葡萄園。在容易種植的納帕谷（Napa Valley），每畝的成本約為二十萬美元。地方不同價格可能會高一些，我們姑且就以二十萬美元計算，要額外生產一百箱葡萄酒，我們就需要增加投資十萬美元。但是，每箱葡萄酒我們只賺十美元，也就是每年賺一萬美元。換言之，除非我們可以從其他地方另外取得九萬美元，否則就無法有足夠的錢投資增加產量、因應明年的需求。

「這對我來說真是當頭棒喝的領悟：原來**公司的成長能力，會受到資金多寡與借貸能力高低的影響**。這門課也許商學院有教，但我以前從未看得如此清楚。在資本密集的產業，要有新的成長就需要新的資金。不僅如此，你幾乎也不可能採取小幅成長的方式，你不可能一次只增產一箱，甚至一百箱也不行，你可能最少需要十畝的葡萄園——否則就無法購買一台牽引機。也就是說，你無法小步成長，一定得邁開大步才行。

「當然，就算不是在資本密集產業，還是得大步成長。關鍵在於人，好比說，你雇用了一位新人，除非他真的很難搞，否則你有責任讓他試用六個月，即使你發現根本不需要這個人，或他不是你要的人才。六個月的薪水可不是小數目，曾有軟體業的朋友告訴我，他們花費最龐大的是研發部門。你需要一個大房間，高薪雇用一群人，每天努力思考未來一年該做什麼，隨時提防微軟推出更好的產品，否則公司的軟體就會成了過時的骨董。

「這就是為什麼很多公司最後被迫出售的原因，他們無法取得成長所需要的資金。但是當你賣一部分股票給這家公司，再賣另一部分給另一家公司，你很快就會發現自己手上已經沒有多少股票了。而且，如果你經營得很成功，狀況會更糟。當鎮上只有你這麼一家小店，顧客前仆後繼地上門，你的感覺就像是搭上了太空火箭。這是許多人失去公司的原因，因為他們太成功了。」

想清楚你要的股權結構，有些資金絕對不能拿

當然，就算把股份賣給外人，也不等於你就會失去自己的公司，但你一定會失去某些自由，當你想仿效書中這些企業，也會比較困難。這並不是說，你不可能找到願意讓你自由選擇公司該如何成長（或是不成長）的外部投資人，但雙方總是需要某種妥協——外部投資人得接受你的願景，但你也得給他們想要的報酬，否則是不可能發生的。

這也就是為什麼，書中十四家企業中只有四家企業有外部股東。其中之一是瑞爾精準生產公司，有五六%股票是由剛退休的創業者、他的小孩以及孫子所持有。歐希泰納的情況也很類似，三五%有表決權的股票由創業者的姪子和他的家人所持有。聯合廣場是由家族投資人所創辦——包括丹尼．梅爾的母親、他的阿姨及舅舅。雖然有背景不同的外部投資人，他們倒是從不干涉公司的營運。「他們都明白：投資我們，就是贊同我們做生意的方式。」他說。

至於其他十家公司，他們很小心——應該說極度謹慎——確保公司的股票完全由公司成員持有。例如蓋瑞．艾瑞克森拒絕一億二千萬美元出售案之後，合作夥伴麗莎．湯瑪斯決定與他拆夥，他花費兩年時間才完全取得所有權以及控制權。當時，他起碼需要五千萬美元才能買回另外五〇%的股票。他試著向銀行貸款，但是沒有銀行願意借錢給他。於是他開始研究引進創投資金的方式，但當他知道他必須讓出多少股票與控制權之後，決定放棄。最後，他與麗莎達成分期付款的協議，他先支付一千五百萬美元，然後分五年支付另外的四千二百萬美元，在競業禁止條款期間，每年再額外支付一百萬美元。當時他手頭上沒有太多現金，所以他向銀行貸款一千五百萬，利息為二三%。直到麗莎拿到所有的現金之後，艾瑞克森才取得所有的股權。幸運的是，接下來兩年公司營運得不錯，讓他得以再度融資，提早還清債務。

你也許會問，為什麼艾瑞克森不賣掉公司，另外創辦一家公司？他的書中提到，他的前合夥人律師也曾問過同樣的問題，他本能地回答說不，他完全不考慮這個可能性，而且克里夫能量棒是他的歸屬，「是我在這個世上的立足點。」

儘管如此，你可能還是會懷疑，真有必要面對這麼多麻煩、投入這麼多時間、花那麼多錢、冒這麼大風險，獨資經營這家公司嗎？「絕對必要，」艾瑞克森坐在位於加州柏克萊的克里夫能量棒辦公室說：「我從沒考慮其他的做法，一旦引進外部資金，將股權交給外部投資人，你就無法回頭了。我從不後悔自己的決定，如果不這麼做，今天我一定會後悔。我和太太每星期都會相互敬酒一次，慶祝我們是如此地幸運。」

書中多數企業執行長都抱持著與艾瑞克森一樣的想法：**如果你希望擁有一家小巨人企業，就不能有外部投資人，除非他們能完全贊同你獨特的願景以及經營方式**。

原因很簡單。這些企業在尋找某種無形的、無法度量的特質，這特質超越業界對於成功的標準定義，這特質如果無法抗拒外界加諸於企業之上的期待，就很容易喪失。

不過，多數執行長其實都不建議所有股票由一個人（或夫妻）所持有。其中有五家公司的創辦人讓重要的高階主管也擁有公司股權，另外有兩家公司的多數股權則是依據員工認股計畫（employee stock ownership plan, ESOP）分給員工，每位員工都是公司的老闆。辛格曼商業社群有自己的一套制度，分公司的管理團隊可以擁有所屬分公司的股票。至於歷史最悠久的歐希泰納，多數股權由一家信託基金所持有。

不論是哪一種股權結構，所有公司都小心翼翼保護自己的股權，確保股權掌握在那些有共同願景的人手中。對於某些企業來說，這是困難的挑戰。舉例來說，如果要購併別的公司，你通常會用股票來支付，這樣就不需要另外借錢或是額外籌募現金，但這一來你公司的股票就會落入別人的手中。書中多數企業都對購併其他公司興趣缺缺，原因就在於此。

艾科公司是例外。這家倒車警鈴與交通工具警示系統製造商，位於愛達荷州樹城市，公司董事長吉姆．湯普森以及總裁艾德．席曼（Ed Zimmer）認為，要成功地擊敗競爭對手就必須搶進東南亞與歐洲市場，最好的辦法就是購併與公司有業務往來的企業。不過，他們有一個原則：公司仍應由團隊成員擁有，不會引進外部投資人。後來，他們以百分之五的股票購併英國的一家公司，兩家公司的股東都是團隊成員。如果有人離開，艾科公司會買回這個人所持有的股票。

「成長」只是幫助員工的手段，不是公司存在的目的

就算你很努力讓公司的所有權為公司內部成員所擁有，你還是得面對其他外在壓力，這些壓力會不斷要你朝著你不希望、也沒有必要選擇的方向去發展。

例如有時候你會感受到來自大型競爭對手的壓力，或是你心中對大型企業的恐懼，正如同克里夫能量棒的艾瑞克森和麗莎．湯瑪斯所面臨的情況。供應商也會催促你，公司要盡快成長，特別是當你是他們的通路商時。你規模越大，他們就銷售越多。

不過最大的壓力來源，通常來自你的員工與顧客。好公司都需要優秀人才，但除非你能提供成長的空間，否則無法吸引人才，更別提留住人才。事實上，這是為什麼許多創業者最後只能採取激進式成長的原因，就算他們內心其實渴望能夠放慢成長速度。

「我別無選擇，」吉姆・安沙拉（Jim Ansara）說，他是生命水設計與建築（Shawmut Design and Construction）公司的創辦人，公司位在波士頓，成長速度相當快，連續五年獲選為《企業》雜誌成長最快的五百家企業之一。「我找不到別的吸引人才的方法。」如今生命水公司的年營業額已經高達四億四千一百萬美元，員工人數為五〇一人，是一家體質健全、受人尊敬的績優設計與建築公司，客戶包括硬石餐廳（Hard Rock Café）與哈佛大學，不過安沙拉並沒有花太多時間在公司營運上，他大部分的時間都給了家庭、遊艇、他所支持的慈善活動，以及他所參與的其他公司的董事會。

書中這些小巨人的執行長都採取不同方法，吸引最優秀的人才加入。其中最常見的方法，就是維持一定的成長速度。對傳統的企業而言，成長本身就是目標，但對書中的企業來說，成長只是手段，為員工創造新機會、為公司開創新局面，才是真正的最終目標。

有趣的是，書中有少數企業是採取比較傳統的成長方式，例如推出新產品線，多數公司則是透過開創新事業來帶動成長。上一章提到的聯合廣場就是如此，從單一餐廳轉變為一個多家特色餐廳的集團。辛格曼的做法也類似，從單一店面變成一個辛格曼商業社群，擁有數家與食品相關、有著共同企業文化的公司。搖滾寶貝唱片公司後來成立了零售店、唱片公司、房地產開發公司、基金會、音樂廳。藝術家裱框服務公司後來轉型為戈茲集團，旗下有園藝商店、裱框店及藝廊。還有更多例子，就不在此贅述了。

我並不是說，他們開創新事業完全是為了員工的生涯發展。其實真正的情況，通常是這些老闆們先看到了好機會，然後才透過這個機會讓公司裡的優秀人才有成長空間，不必跳槽到其他公司。

還記得嗎，當初你想為消費者提供最棒的服務

成長壓力，是每一家公司都會遇上的大難題。首先，是心理因素。壓力永遠都在，因為如果人們喜歡你的產品或服務，就希望可以買更多，或者讓更多尚未享用這項產品或服務的人未來也有機會享用，這種壓力的存在，代表你成功了，是對你的肯定，更代表著你所懷抱的夢想已經實現，你怎能對它說不？

事實上，許多人根本無法說不。我發現男性創業者尤其如此，即使他心裡很清楚自己和員工都還沒準備好，即使他知道成長可能讓公司發生他不樂見的改變，他還是無法拒絕成長的誘惑。然而，往往一旦你走上這條路，就很難再回頭。就在你發現公司規模過大的那一刻，你已經陷入太深，難以回頭。如果你改變心意，想要回頭做「小巨人」，就得讓很多員工離開，跟廠商重新協商合約，放棄好不容易爭取到的客戶，因為你沒有辦法再服務他們。

「我從沒想當大老闆，」比爾・巴特勒說。二十六歲時，他在星丘萬事協會（Starhill Academy for Anything）的餐桌上開始他的建築事業，後來成為巴特勒建築公司。星丘萬事協會是加州舊金山南方伍德賽德天際線大道上的四家公社之一，時間是一九七五年，他和太太以及兒子住在公社裡，因為他們沒有自己的家。公社裡沒有電，沒有管線，「就像是真實版的《我要活下去》，」巴特勒說，他就坐在位於紅木城的辦公室辦公桌前，這裡距離他當初創業時的地點有八英里遠。「獲准建造儲水槽之後，我趕緊完成第一條電線。太平洋瓦斯電力公司（PG&E）設定好儲水槽的高度，我就把電線牽到家裡。

「一開始，先建好磚牆、裝好門，」他繼續說道：「我只是要賺錢過活，我沒有保險、沒有土地、身無分文，但是我喜歡創業，而且我喜歡建築、喜歡與人接觸。」他和家人在一九八一年搬到伍德賽德，並在這裡買了一塊地。兩年後終於有了自己的辦公室，但直到一九九四年才裝上電話。喜歡他的作品，或想要找他設計建築的人，得追著他的卡車要電話號碼。

確實有很多人喜歡他的作品。一九八九年，巴特勒公司的年營業額為二千萬美元，員工一百二十九人，他覺得自己壓力大到快喘不過氣了。他分身乏術，公司在加州、奧勒岡、華盛頓、內華達，以及亞利桑那都取得執照，而且都有建案在進行，等著完成的工作超出他可應付的範圍。問題是：公司還沒賺錢，建築品質還沒達到巴特勒的標準，整個狀況完全失控。

「這是我的錯，」巴特勒說：「要承認自己犯錯真的很難，但我很清楚，是我自己搞砸的，我太自不量力。所以我問自己，我比較擅長做哪些事情？哪些事情的報酬率比較好？我還有哪些地方需要改進？我要徹底改頭換面。」

首先，巴特勒和資深員工——包括後來成為公司總裁的法蘭克．約克（Frank York）決定，將公司轉型為一家統包商，負責管理建案，而不再投入實際的建築工程。這是公司的核心優勢，也是讓公司在不增加人手的情況下，得以成長或改善業務的方法。「對我來說，員工人數是最重要的因素，」巴特勒說：「我喜歡認識在這裡工作的每一位員工，因此我不希望員工人數超過一百人。如果維持原有的營運方向，勢必得增加人手，現在我們有一百二十五位，我覺得剛剛好。」

精選客戶，將有意想不到的驚喜

「我們希望有所取捨，」他說：「我們不應該什麼都做，而是在少數的事情上做到最好。我們毅然放棄了其他州核發給我們的執照，這麼一來就無法在這些州做生意。以前我們什麼都做，現在則是嚴格挑選每一個案子。」這表示，必須放棄某些客戶，其中有些客戶還與公司合作過很長時間。他們花了好幾個小時分析顧客，找出獲利比較高的案子，決定投入哪些利基市場，然後開始刪減客戶。「我們把客戶從二十五個刪減為只有十個，」巴特勒說：「主要是剔除了利潤不佳的客戶，其中包括公司一位最大的客戶。」那是一家大型金融服務公司，「光這個客戶的業務就占了我們營業額的百分之五十，但是，與我們配合的部門根本瞧不起我們，一再要我們，於是我告訴他們，再也不想和他們合作了。」

推掉糟糕的客戶容易，拒絕好客戶就困難得多了。「不過我心目中真正的好客戶，必須是優秀的企業公民，對社區友善，」他說：「有些企業一點也不關心所在的社區，我寧願失去金錢，也不願失去關心社區的好客戶。」

問題是，就算按照這樣的標準刪除不想要的客戶之後，剩下的好客戶數量，還是超出他們服務能力的範圍。巴特勒說，當時他就感受到客戶要求公司成長的壓力，至今仍是如此。舉例來說，巴特勒公司有一度獲選為Target百貨年度最佳供應商，獲選的建築業僅有兩家，另一家的業務主要是企業總部大樓的建造。巴特勒公司是歷年來規模最小、在最短時間內獲獎的廠商。當Target要求你，到另一個遙遠的城市為他們建造新店面，你要如何拒絕？「真的很難，非常非常困難，」巴特勒說：「有時候我們得把他們推薦給競爭對手，你可以想見，這對任何一位創業者來說何其困難。當然，我們推薦的也是最優秀的對手，因為我們也希望客戶能滿意。」後來有一位競爭對手對他說：「你真是我最好的業務員，從你那裡接到的訂單，比我們的業務還要多。」

然而有趣的是，巴特勒公司拒絕的生意越多，名氣就越響亮。巴特勒盡量保持低調，二十五年來僅接受過一家報紙專訪，據說是因為那位記者留著長髮，讓他想起以前在公社的日子。儘管如此，由於熱心參與慈善活動，打造了許多與眾不同的建築，巴特勒成了當地的傳奇。越來越多顧客上門，都想將建案交給巴特勒。巴特勒無法拒絕所有人，因此儘管他們嚴格限制公司規模，儘管發生了經濟危機，公司還是不斷成長。「成長太快了，」巴特勒說：「人力相當吃緊，每個人都工作得太辛苦，壓力太重了。」於是有一年，他決定縮小規模，將營業額降至一億五千五百萬美元。但是沒想到，才隔一年營業額又大幅飆升至二億零五百萬美元，再度超出員工們的負荷。隔年，他又再度將營業額調降至一億九千五百萬美元。「我們真的很努力維持小規模。」他說。

還有一個重要的成長壓力，是來自我們生活與工作的社會與環境。位於俄亥俄州卡頓市的標誌房屋貸款（Signature Mortgage Corp.）創辦人兼執行長羅伯特・凱特林（Robert Catlin），就曾面臨類似的掙扎。多虧了他開發出來的一套系統，公司十六位員工的業績遠比其他同業都要來得好，朋友、同事、顧客甚至不認識的人都說，凱特林應該將業務拓展到其他市場。「老是有人對我說，你瘋了嗎，幹嘛有錢賺卻不賺？」他說：「我告訴他們，嘿，我就是想這樣，我現在生活很均衡，有家庭與旅遊時間，我還有什麼不滿足的呢？」

盲目膜拜「成長之神」，你就死定了……

越大越多就越好的觀念，充斥在我們的文化裡，很多人都以為，所有創業者都希望抓住每一個商機，盡可能讓公司快速成長，成為下一個微軟或花旗。這種常見的假設，成了創業者另一種壓力，特別是當他們想要地位與名望時。「真的很不容易，因為這牽涉到自我，」凱特林說：「我反覆問自己，對我來說什麼才是最重要的？我希望過什麼樣的生活？這個世界一直告訴你『快，公司規模再大一點』，但是我不明白為什麼非得這麼做不可。」

有些創業者特別容易被成長之神的甜言蜜語所誘惑。傑．戈茲承認，他就是其中之一，現在他稱自己是「起死回生的創業狂」。

他說自己對創業的狂熱，可追溯到童年時代。坐在位於芝加哥北克里伯恩大道上的辦公室裡，隔壁就是他的藝廊，樓下是裱框店。他想起很小的時候受到一位朋友的父親啟發，這位父親也是一位創業者，同樣從事裱框服務。「我看著他創業、失敗、東山再起、又再次失敗，」他說：「他不斷在成功與失敗之間來回，我從他身上看到了創業的刺激感。」戈茲的祖父、父親、和伯父在住家附近開了一家小商店，但戈茲認為這家店沒有未來，所以大三時開始選修會計，並準備創業，當時他心中想做的是裱框服務，而不是跟家裡一樣的商店。

可是，他的構想並沒有獲得太多人支持。當他告訴母親想要創業時，他母親只是嘆了一口氣，好友也說：「你應該有更好的選擇。」大學導師告訴他：「除非你念完研究所，否則你不可能成功。」只有他姊夫鼓勵他：「現在不做，以後就沒機會了。」

不理會別人怎麼想，戈茲在一九七八年成立了藝術家裱框服務公司，當時他年僅二十二歲。公司一炮而紅，並且被《富比士》雜誌注意到，在一篇討論熱門創業者的文章中稱他為「創業神童」。接下來十五年的時間，他成了連續創業大亨，快速擴張藝術家裱框的業務之外，還另外成立了六家新事業。他不斷求進步，大量閱讀關於麥可·戴爾（Michael Dell）或是佛列德·史密斯（Fred Smith）等創業者的報導，持續鞭策自己。他開始研究連鎖加盟，也想過併購同業，甚至考慮公開上市。雖然後來都沒有採取上述任何一項策略，但是他非常享受過程中的感覺。「我有著強烈的驅動力，一心一意、專注、獨立，而且固執，這是創業者應該具備的特質。」他說。

四十歲的他已經成為裱框業的大師，藝術家裱框獲得業界高度肯定，後來成立的園藝商店、藝廊，同樣生意興隆，他成了人人爭相邀請的演說家與老師，也開始寫書。芝加哥人將戈茲視為推動當地景氣復甦的功臣。他與妻子已結婚十六年，有三個健康的孩子。「一切都要歸功於她，」他說：「感謝她忍受這一切。」

每一個創業者，都要練習消除自己的心魔

他也沒料到，自己會有今天的成就。「成功創業者必須消除自己的心魔，」回想當時的心境時他說：「對我來說，所謂的心魔就是做越多越好。我一直擔心，是不是錯失了好機會？是不是沒有好好把握賺錢的良機？你要如何去除這些想法？要如何避免讓成功變成失敗的起點？當媒體封你為創業神童之後，要消除心魔變得更困難。我二十歲出頭時，就上了《富比士》雜誌的報導。但到了

四十歲時，早已不復當年的知名度。當我聽到某個人的身價高達四百億美元時，心裡在想，他是如何辦到的？他到底比我聰明多少？」

時間回到一九九六年春天，他買下了北克里伯恩大道上的一棟大樓，準備開一間家庭與園藝精品店。

問題是，這棟大樓需要大幅翻修，而且必須在四個月內完成，否則就會錯過春天的銷售旺季。但翻修還沒完工，他的現金就已燒光了。「我用完了信用額度，」他說：「我沒錢了，壓力大到難以想像，晚上睡不著。應付帳款越拖越長，還得緊盯庫存。就在這個時候，我母親得了癌症，小孩在學校出了問題，真的是糟透了。

「不過這正是改變的開始，」他說：「要洗心革面，你得體悟三件事。第一，你得感受到痛苦，你必須親身經歷那種即將失去房子、失去一切而輾轉難眠的痛苦，當時我四十一歲，燒光所有現金，身處一個我不熟悉的產業。但這個壓力是我自找的，誰叫我買了這棟大樓，而且決定投入一個我完全不了解的產業？我瘋了嗎？

「這引發第二個體悟：那些成功白手起家、建立大型企業的創業者，和你我不一樣。他們不只有腦袋而已，還有膽識，他們擁有你我所沒有的膽識。這也讓我有了第三個體悟：事情會好轉的。當時我告訴自己，我可以快樂起來，我不需要把自己搞瘋，就可以過著美好的生活，擁有一家好公司，賺到足夠的錢。這樣想之後，你就會開始注意到，其實很多有錢人，過得一點也不快樂、有著不快樂的家庭。曾經有人問川普（Donald Trump）『你是不是一位好父親？』時，他的答案竟然是：『我是一位好金主。』說這種話，真是讓我無言。

「無論如何，我康復了。過去那些年，我不斷催促自己往前，現在我明白了應該放慢腳步。我開始思考：賺到了錢，要如何運用？」

就像許多創業者認為公司必須成長一樣，戈茲也有某種「障礙」，就是：看不見自己的成就。他總認為自己不夠好，沒達到自己的期望。他將自己和世上最有名的創業者比較，老想著別人擁有哪些他所沒有的。他太在乎自己的缺點，反而看不見自己的貢獻。

讓他發現自己有這項「障礙」的，是他公司一位資深女員工，名叫麗莉．布克（Lily Booker）。她與另一位名叫薇莉．哈德威克（Willie Hardwick）的員工同樣在藝術家裱框服務公司工作八年，即將退休。在退休派對上，麗莉起身說話，提到了當初如何進入藝術家裱框服務公司。她原本在另一家裱框公司工作了十年，後來公司關門，她也跟著失業。「當時我已經五十歲，」她轉身對戈茲說：「謝謝你錄用我，當時我沒想到自己還可以找到另一份工作，謝謝你給我這個機會。」

當年戈茲正好四十歲，這番話點醒了他。「從此之後，我不再想著過去的失敗，」他說：「聽到麗莉的話，我突然明瞭自己沒那麼失敗，我環顧四周，發現自己為這麼多人創造了她們喜歡的工作。」

他想起一則故事，有位女孩準備將海星放生，丟回大海。「一位老人走過來對她說，不用多此一舉了，海星成千上萬，你不可能拯救所有海星的，無論你做任何事情都不會改變現狀。只見她看著手中的海星，然後說：但是對這隻海星來說，我這麼做可以改變牠的命運。於是，她將海星丟入大海。麗莉，就是我的海星之一。」

之後，他開始注意到，公司裡還有很多海星。有一位裱框師很想賺加班費，後來才知道，那是因為他必須將錢寄給西藏的家人。另外還有一位名叫雷盧安的員工，曾是越南海軍上校，西貢淪陷後遭到逮捕，在不同營區被關了八年，獲釋後帶領一百人乘坐動力船花三天時間從越南來到馬來西亞，途中還遭到泰國海盜的攻擊，輾轉到了菲律賓，學會說英文，最後來到芝加哥，透過一家專門仲介越南與柬埔寨難民的人力派遣公司來到戈茲的公司上班。「他是最優秀的工匠，」戈茲說：「也是我的海星之一。」

書中所提到的企業都有這樣的體悟，因此他們才得以與員工、顧客、供應商，以及社區建立親密的關係。這種親密關係不僅是最好的回報，更是創造魔咒的重要元素之一。

想親自體驗這種關係？很簡單，你只需要走一趟這些企業所在的城市。

第3章

放眼世界之外，你是否關心腳底下的土地？

小巨人都懂的「蒙娜麗莎法則」

亞斯布理德拉瓦衛理公會（Ausbury-Delaware Methodist Church）矗立在德拉瓦大道上，是通往紐約州水牛城的交通要道。這間教會是紐約州知名老建築之一，如今是搖滾寶貝（由歌手兼詞曲創作人安妮·第凡可所創辦的唱片公司）辦公室。

水牛城位在伊利湖東岸，曾是繁華的商業中心，來自中西部的農作藉由船運至此卸貨，加工後再經由伊利運河與哈德遜河運往紐約市以及世界各地。一九○○年代初，水牛城是全美第八大城市，也是最美麗的城市之一。但是從一九五○年代以來，這座城市的命運急轉直下，一九五九年聖勞倫斯海道（St. Lawrence Seaway）的開鑿以及陽光帶（Sunbelt，西起南加州、德州，東至佛羅里達等南方各州）城市的發展，加速水牛城的沒落，企業不斷外移，商業活動停擺。漫長而蕭瑟的寒冬、戰績慘敗的職業美式足球隊，成了夜間電視節目的玩笑話題。沒有大企業總部進駐，也沒有表現突出的產業，經濟委靡不振，停滯不前。市政府必須仰賴州政府補助，才能維持基本的服務。

一九九〇年代晚期，來自賓州庫德斯伯市（Coudersport）的里格斯（Rigas）家族崛起，一度成了水牛城的救星。該家族所成立的阿德爾菲亞通訊有線電視公司（Adelphia Communications）業績飛速成長，營收從一九九七年的四億七千三百萬美元，至一九九九年衝上十三億美元，到二〇〇一年更達到三十三億美元。一九九八年，里格斯家族買下職業曲棍球隊——水牛城長劍隊（Sabres），兩年後宣布要投資一億二千五百萬美元在市中心建造營運中心，帶來一千個新工作機會。看來，水牛城終於等到了它所需要的經濟振興，一切美好到……不太真實。

果然，這不是真的。二〇〇二年七月二十四日，里格斯家族被控盜用公司大筆公款，侵害投資大眾與債權人權益。數個月之後，阿德爾菲亞申請破產保護。位於羅徹斯特（水牛城東北方，同樣屬紐約州）的人力資源服務公司沛齊（Paychex Inc.）出於同情——也可以說是憐憫，因為他既不是曲棍球迷，也非水牛城人——接手長劍隊，才勉強讓球隊留在水牛城。

看著水牛城從繁華到殞落的居民們，面對水牛城的未來，都不再抱什麼希望。但就在這個時候，安妮．第凡可和她的夥伴、同時也是搖滾寶貝的總裁史考特．費雪（Scot Fisher），決定挺身而出。

這城市很糟，但它是我的故鄉——搖滾寶貝樂團與水牛城的故事

他們兩人都出生於水牛城，第凡可是當地最出名的搖滾明星之一，在全球各地有成千上萬的歌迷，CD銷售數百萬張，旗下還有其他歌手。所有主流唱片公司都想爭取第凡可加入，但她決定走自己的路。

第凡可在全美大專院校非常受到歡迎，在水牛城也是家喻戶曉的名人。當地居民即使沒有聽過她的音樂，也知道她是誰。第凡可常為社區舉辦多場音樂會，照片也常出現在《水牛城報》（*Buffalo News*）頭版。雖然水牛城是保守的工業城，但居民照樣非常喜愛特立獨行的第凡可——她承認自己是雙性戀，沒關係，照樣有一大群死忠的歌迷崇拜她；她穿鼻環、胸部刺青，沒關係；她自稱是左派，沒關係。

因為大家都知道，第凡可大可在其他任何城市落腳，但是她選擇了自己的家鄉水牛城，而不是紐約、洛杉磯或其他擁有現代化錄音設備與知名歌手聚集的城市。她和費雪堅持與當地供應商合作，製作公司的T恤與其他商品、印製專輯歌詞與海報、生產音樂卡帶與CD，為水牛城這個美國東北部失業率最高的城市之一，增加了一百二十五個新工作機會。

居民們也很感謝她，為這座教堂付出的心力。早在搖滾寶貝創立之前，這座珍貴的教堂早已成了廢墟，數十年來沒有人維修。其中一座尖塔已開始坍塌，要不是費雪，可能早已報廢了。費雪是

熱心的古蹟維護者，曾經協助募集五萬美元修復教堂。一九九九年某一天，他接到來自水牛城的一通電話，對方說他買下了這棟建築物，但不知道如何處理，想問搖滾寶貝是否有興趣接手。費雪和第凡可討論了之後，毅然決定從對方手中買下這座教堂，重新翻修，作為公司總部、音樂會場地、藝廊，以及其他前衛藝術組織的據點。

「看到教堂正在翻修，大家都感到振奮，」《水牛城報》專欄作家唐・艾斯蒙德（Don Esmond）說，他從一九九〇年代中期就開始推動保存這座教堂。「人們以為這座教堂已經毀了，如今卻看到它有了新的樣貌。這教堂可不是位在城市的偏遠地區，德拉瓦大道可是通往市中心的重要幹道，許多人每天都得經過這條路上下班。看到原本被廢棄的教堂不一樣了，大家都非常興奮。」

計程車司機、酒保、長居在此的水牛城居民，都感受到改變。「他們對教堂所做的一切，真的太棒了，」負責搖滾寶貝印刷業務的派特・湯普森（Pat Thompson）說。「我在水牛城住了大半輩子，老實對你說，這裡真是百廢待舉。當我們看到安妮和史考特逆向操作，想要為這個城市做些什麼事情，每個人心裡都在想，該是有人出來做些事情的時候了。」

土地有靈魂，好好與它共處

如果你仔細觀察書中這些小巨人，可以發現一項特質：這些企業都與他們所在的城市，有非常緊密的連結。

例如辛格曼，已和安娜保分不開；安可啤酒公司是舊金山家喻戶曉的品牌；城市倉儲公司是道道地地的布魯克林公司；瑞爾公司與雙城的關係，就像是馬與馬車；克里夫能量棒與柏克萊、艾科與樹城、歐希泰納與鹽湖城、錘頭公司與影城等，都是如此。企業與所在城市彼此相互影響，企業塑造城市，城市塑造企業。

這種關係並非偶然。聯合廣場餐飲集團的丹尼．梅爾在決定要不要投資新餐廳時，「地點」就是他重要的考量因素之一。「我不會隨便開一家餐廳，除非這家餐廳有特色，設在對的環境，」他說：「就像我看不懂《蒙娜麗莎》畫像的裱框、懸掛、與照明方式有什麼學問，但是我知道，如果這幅畫放在不同博物館、不同城市、不同國家，一定會有不一樣的感覺。」這就是為什麼，當開發商邀請他到拉斯維加斯開分店時，他和同事們都斷然拒絕。「餐廳是當地社區的一部分，社區也是餐廳的延伸。拉斯維加斯多是短暫停留的觀光客，完全不適合聯合廣場或葛萊美西小築。」

談到企業與當地社區的關係，辛格曼的艾里．溫斯威格有很棒的比喻。「就如同法國人所說的土地，」他說：「不同地區的土壤與氣候特性，會影響食物的味道。土壤中的礦物質、所吸收的陽光與水分、特有的植物品種等等，每個地方都不盡相同。這麼說好了，假如你想在兩個不同地點，使用相同的配方製造起司或葡萄酒，但是兩個地方的動物所吃的牧草不同，葡萄生長的土壤所吸收的陽光與水分不同，因此就算你採用相同的製造流程，最後生產出來的起司味道就是不一樣，葡萄酒也是如此。這是千真萬確的，你去嘗嘗看就知道了。做生意也是同樣的道理，每一個社區都有自己的特質，每一片土地都有自己的靈魂，無論你選在哪落腳，都會對你的企業產生影響。」

相反的，假如你要大量生產食物，就得設法將土地因素降至最低——也就是去除因為氣候、土壤或季節造成的變異。經營企業也是如此，跨國企業得設法減少不同國家之間的差異，建立共同的企業文化，讓組織內所有人都遵循相同的規則與標準、達成相同的目標、擁有相同的價值觀，例如銷售天然食品的全食市場（Whole Foods Market），就建立了強而有力、生氣活潑的企業文化，努力成為優秀的世界公民，「問題是，」溫斯威格說：「他們不會在任何一個城市深入扎根。」

然而正如你所看到的，本書的十四家企業都深耕他們所處的城市。每一家企業都有鮮明的性格，與當地環境相互輝映，並且成了這些企業成功的重要關鍵。

搖滾寶貝就是一個很好的例子。長期以來，水牛城被視為一個失敗的城市，但居民想要力爭上游，在他們身上你可以感受到某種強烈、微妙的執著。多虧了搖滾寶貝，有些曾經離開這座城市的人，又再度回鄉，有些原本想離開的，最後還是留了下來。「你就像是定錨了，」布萊恩．葛魯奈特（Brian Grunert）說，他原本想要搬去大學唸書時的中西部，但後來再也沒離開水牛城，並成為搖滾寶貝的設計師。「這個城市跟我血脈相連，」盧恩．耶姆克（Ron Ehmke）說，他生長於路易西安那州，畢業於水牛城大學，後來成為搖滾寶貝旗下的寫手。「水牛城不是一座小城市，但卻讓人感覺像是一座小城市，」他說：「這裡的藝術社群規模不大，但卻是我見過最沒有隔閡的社群，也是這座城市吸引我的原因之一。」

搖滾寶貝給外界的感覺也是如此——明明擁有國際知名度，卻總讓人感覺是一個很有鄉土感的小眾團體。第凡可在一九九八年接受《紐約時報》訪問，談到當初為何決定自行創業，不與大唱片公司簽約時，她說：「為了我自己！我想看看除了跟大公司合作之外，我還能有什麼選擇。」

什麼是社會責任？就是不能做卑鄙的事

費雪的管理哲學，來自他過去從事房屋油漆工作的經驗。

「油漆工的圈子非常小，名聲非常重要，」他說：「所以你必須把事情做好，必須誠實、說到做到、友善待人、準時付錢。不這麼做，你就會接不到生意。」

他認為，小城鎮裡的企業特別看重責任。他舉了一個例子，曾有一家知名的廠商為第凡可與巴布・狄倫（Bob Dylan）辦演唱會，地點在水牛城東北地區的戶外場地。「我們後來發現，主辦單位每張門票會額外加收五美元的停車費，但事實上停車場是免費的。也就是說，他們假借停車之名，多賺了二萬五千美元到五萬美元，真的非常卑鄙。」

「在小城鎮你不可能這麼做，」費雪說：「你的名聲就是一切，我們盡可能不和這種人合作，我們合作的單位絕不可能像他們那樣騙人。」

在很多人眼中，水牛城的地理位置並不理想。但史考特和安妮卻看到缺點背後的優點，例如：人事成本低、印刷價格有競爭力、平價舒適的生活等等。而且相較於其他競爭激烈的大城市，搖滾寶貝在這裡反而更容易占得一席之地。再加上這裡有大量的藝術家與作家，費雪和第凡可都希望能幫助他們。「我們這裡用的人，都是從零經驗開始，」耶姆克說：「我以前從未幫任何搖滾明星寫過傳記，我們的設計師從沒設計過專輯或音樂海報，我們電台的工作人員以前從沒在電台工作過。」儘管沒經驗，他們都很有才華，因此製作的專輯、型錄以及行銷資料非常特別、有想像力，而且具備專業水準。二〇〇三年，第凡可和葛魯奈特拿下葛萊美最佳包裝獎，獲得音樂界高度肯定。

水牛城的獨特背景，也為搖滾寶貝帶來力量——一種奮力對抗命運的堅持。費雪在擔任搖滾寶貝總裁之前，曾是第凡可男友。他完全不具備歌手經理人應有的經驗與條件，更不用說經營一家唱片公司了。剛開始，有人質疑他是否能承擔這樣的責任，「很多年後，安妮的經紀人吉姆．富萊明（Jim Fleming）才告訴我，當年我第一次打電話給他時，他心想完了，是『前男友』，這下死定了，」費雪說：「但我知道自己的角色，也知道很多人不尊敬我，我來自水牛城，早習慣了被人家這樣對待。」也許是為了想證明自己行，也或許什麼都不在乎，也有可能正是因為知道人們沒抱什麼期望，反而容易讓人刮目相看。他全心投入工作，打造出一家口碑很好的音樂公司。十年下來，搖滾寶貝寫下不錯的成績，反倒是當年搶著與她簽約的大唱片公司，很多早已退出市場。

有一度，ＩＲＳ唱片公司想簽下安妮，「於是我們飛到洛杉磯與他們會面，」他回憶：「看見他們的辦公室裝潢得美輪美奐，我心想，錢是打哪位歌手身上賺來的？他們有的一切我們都有——他們有電話，我們也有；他們有傳真機，我們也有，他們說可以讓安妮的音樂推廣到更多地方，但這也不需要他們來做，我們自己就能辦到。今天，IRS已經消失，我們還活著，顯然我們一定做了一些對的事。你如果問我做對了什麼事，我認為繼續留在水牛城、留在簡樸的辦公室是其中之一，因為這樣我們才能真正靜下心來，把一切做好。」

租金很貴？沒關係，我們讓它更有價值

我們可以在安可啤酒公司看到類似的文化。

今天，安可啤酒早已融入舊金山，成了著名的觀光景點之一。根據官網，該公司歷史最早可追溯至淘金熱時期一位名叫戈里耶・布雷克（Gottlieb Brekle）的人，承襲了早期美國西岸的啤酒釀造法，也就是當地居民所稱的蒸餾酒（至於為何有這樣的名稱，至今已不可考）。公司和舊金山市共同經歷了各種天災人禍，包括地震、火災、戰爭、禁酒法以及財務危機等等，每一次都因為有人願意為了公司的生存而奮戰，才讓公司逢凶化吉的存活下來。一九六五年，一位名叫費里茲・梅泰的年輕史丹福畢業生，買下公司多數股份，成了公司史上一長串負責人名單中最新的成員。

梅泰做的最重要一件事情，就是高度重視安可啤酒與舊金山之間的連結。無論你從哪一個角度

看，都能感受到這家公司與舊金山的深厚淵源——從傳統的啤酒釀造技術、大廳式酒吧、到產品標籤等。當然，選擇落腳於波特雷羅山腳下，也是其中之一。這裡原本是一家咖啡烘焙廠，安可公司因為當時的釀酒空間不敷使用，而在一九七七年買下，改建為新的釀酒廠。他說自己從沒想過搬到土地更便宜的郊區，對他而言，離開舊金山，就等於背棄了公司的傳統。

傑．戈茲的藝術家裱框服務公司，與芝加哥市近北區（Near North Side）之間，同樣有著緊密關係。一九七八年戈茲剛創業不久，這一帶叫作新城（New Town），盡是破敗老舊的建築物以及空盪的停車場。公司所在的北克里伯恩大道一片死寂，只有星期五和星期六晚上，當地的飆車族會在大道兩旁尬車。「如果你看到有人在馬路上跑，他很可能正抱著別人家的電視機。」戈茲說。

今天，北克里伯恩大道已成了熱鬧的商業中心，四處可見高檔商店與餐廳，並且帶動整個城市經濟活動的復甦，房地產價格飆升，吸引了包括全食、史密斯霍肯（Smith & Hawken）、箱桶之家（Crate & Barrel）等全國連鎖店進駐。

當地生意人與房地產開發商，將這個地區的改變歸功於戈茲，因為他是最早願意來這裡開公司的創業者。公司成立時，北克里伯恩大道旁的空地，一平方英尺只有一美元左右，當時他就是用這個價錢租下一間製造鋼琴的舊工廠三樓，總面積為二千平方英尺。如今，這裡的房地產價格是每平方英尺四十美元，而且最讓人頭痛的問題是交通壅塞。戈茲預見了停車將成為問題，因此早在幾年前就在附近買下自己的停車場，停車場對面就是他的住家與園藝商店，隔著一條街是裱框店面以及藝廊，員工們稱這一帶為他們的「校園」。

治安差，名聲爛？沒關係，我們來改變它

還有位在布魯克林威廉斯堡（Williamsburg）的城市倉儲，正如當初戈茲選擇破敗的新城落腳，一九九四年諾姆．布羅斯基將公司總部從曼哈頓中城搬來時，這裡還是貧民區，治安不太好，布羅斯基還一度擔心員工安全，也擔心嚇跑未來的應徵者。為了防患未然，也為了消除恐懼，他在辦公室內安裝了最先進的保全系統，同時安排客運服務，接送員工往返地鐵站。

恐懼的事情沒發生，雖然有些員工因為公司遷移而離開，但留下來的人卻在這裡找到新的活力。布羅斯基提供了威廉斯堡少見的高薪待遇，徵人也不再是問題。隨著越來越多當地人加入，布羅斯基和太太更努力與社區建立緊密的關係，例如邀請居民參加在倉庫舉辦的派對、提供場地給當地劇團等等。他還撥出一筆預算，讓員工們自己選擇要用這筆錢來舉辦酒會，還是用來捐給當地慈善團體，結果員工選擇後者，把錢捐給了一所專收自閉症兒童的學校。如今，城市倉儲就像一個大家庭，有著來自不同背景、說著不同語言的人。這一帶以冷漠聞名，然而在這裡工作的人卻溫暖、豁達、友愛。

克里夫能量棒的創辦人蓋瑞．艾瑞克森，同樣是所在的城市——柏克萊——的代表人物。創業

時他未婚，只有三十三歲，和小狗、滑雪板、登山裝備、一台自行車、還有五年級就開始吹的兩支喇叭，一起窩在車庫裡。他開的是一九七六年出廠的達善（Datsun）破車，喜愛自行車賽、攀岩及即興爵士演奏的他，和朋友一起經營一家名為凱利甜食與美食（Kali's Sweets & Savories）的麵包批發店。

十五年後的今天，艾瑞克森結了婚，生了三個小孩。他的嗜好沒變，但公司已非昔日的小公司了。走一趟他位在柏克萊第五街上的辦公室，第一眼就可以看到大型的攀岩牆，上面有餅乾怪獸、天線寶寶卡通裡的小波、粉紅豬、塔斯曼惡魔等玩偶，還有一間健身房，有人正在上有氧舞蹈課，牆上貼著個人教練預約表，外加一間按摩室、公司自營的髮廊、供冥想用的帳篷、設備齊全的自行車維修店、什麼都有的遊戲室等等。

柏克萊比以前更繁榮，克里夫也日漸茁壯，賴以成功的特質至今依然存在，而且更為深化、更有組織。例如他們採用認證過的原料，T恤採用有機棉花，出版品使用再生紙，辦公室盡量節省能源。他們積極參與改造社區，員工發起一項名為二〇八〇的活動——每年捐出二〇八〇個小時，到社區當志工。

位在明尼蘇達州聖保羅市的瑞爾公司，同樣深受雙城當地文化的影響。長久以來，雙城的企業與社區都有密切互動，像是目標／戴頓哈德遜（Target/Dayton-Hudson）、富樂（H. B. Fuller）、貝氏堡（Pillsbury）以及通用磨坊（General Mills）等企業，投注不少資金從事公益活動，例如Target

百貨每星期投注在社會責任的費用，就高達二百萬美元。

瑞爾公司的三位創辦人將社會責任視為企業的基石，誓言「做『對』的事，即使這麼做看來似乎賺不了錢、不怎麼有利、不合常理」。他們說，公司的最終目的是「為大眾利益做出有價值的貢獻」。如今，他們的繼承人也將這些觀念融入企業日常的營運中。

換作是在紐約、芝加哥、或洛杉磯，瑞爾公司這種理想肯定被視為太天真，但是在雙城不會。該公司獲得明尼蘇達企業道德獎以及美國企業道德獎，所有成就都與明尼蘇達—聖保羅的商業文化密不可分。「我們深受它的影響。」共同執行長鮑伯．卡爾森（Bob Carlson）說。

嚴肅且認真地當個好鄰居，大財團辦不到，你可以

當然，跨國大公司同樣可以和社區建立良好關係，可以做任何好事——可以對環境友善、可以捐贈大筆金錢、可以贊助各種慈善活動，但是這些企業——他們的領導人和員工——不能做到的是：與特定社區維持緊密的互動，並在互動中相互形塑彼此的特質，帶來獨特且幸福的經驗。

關於這一點，辛格曼最有代表性。

時間回到一九九〇年代初期，兩位創辦人艾里．溫斯威格與保羅．薩吉諾拒絕在其他城市開分店，原因之一正是他們希望深化與安娜堡之間的連結，保留他們身為安娜堡企業所具備的特質。安

娜堡是美國中西部大學城，許多東岸居民都移居至此，因此這裡是除了紐約之外，最多人閱讀《紐約時報》的地區。不同於威斯康辛州的麥迪遜或愛荷華州的愛荷華市，安娜堡就位在主要大城市旁，比其他十大城鎮更多了些許國際風。「我們比其他中西部城市更多了東岸城市的味道。」溫斯威格說。他生於芝加哥，之後因就讀密西根大學來到安娜堡，從此再也沒離開過。

「這城市讓人感到自在，但只要談到食物，這裡的人都會變得認真起來，」溫斯威格說：「我不是說其他城市沒有這樣的特質，而是覺得並不是每個城市都如此。在這裡，我們可以看到穿著牛仔褲的國際知名教授，旁邊是一位高中生，再過去是一位九歲小孩，一邊吃山羊起司一邊聊天，甚至討論食物的歷史。這裡是大學城，人們習慣用知性角度認識美食，幾乎每一道菜我們都可以打電話到大學，詢問精通此食物的專家。

「我們花非常多時間研究食物，顧客也是。如果你來這裡工作，但卻不喜歡學習，你很難適應這裡的文化。客人之所以願意支持我們，是因為看見我們為社區帶來的貢獻，而不是他們可以累積多少會員點數。當然，他們也想要點數，不過他們很清楚：施比受更讓人快樂。」

這也意味著，每一件事都得花很長時間想清楚。例如二〇〇〇年，羅盤集團（Compass Group）拜訪溫斯威格與薩吉諾，希望他們在整修後的底特律機場開一家辛格曼餐廳。他們認為這是難得的商機，對於辛格曼商業社群來說也是不錯的新事業。他們稱新餐廳為「辛格曼千味之地」（Zingerman's Land of 1000 Flavors），為了符合一九九四年溫斯威格與薩吉諾擬定的願景宣言「辛格曼二〇〇九」，他們必須找一位管理合夥人，也就是共同所有人，負責管理店面、建立文化、堅守辛格曼的哲學、符合公司對於品質與服務的要求。大家都同意，應該讓羅盤集團扮演這樣的角色。

不過，當初擬定「辛格曼二〇〇九」時，兩位創辦人承諾將來所有新餐廳都必須設在安娜堡一帶，也因此回絕許多到別處開分店的邀約。如今，要在距離底特律二十五英里的機場開新餐廳，是否違背這條「安娜堡原則」？

「我們討論非常久，」溫斯威格說：「很多事情並不是非黑即白，何況嚴格說起來『辛格曼二〇〇九』所指的不是安娜堡市，而是安娜堡一帶，機場所在的伊普西蘭蒂（Ypsilanti，安娜堡東方）也包括在內。最後我們決定：機場是人們踏上安娜堡的門戶，在機場餐廳迎接、款待客人，感覺挺不錯的。」很可惜，後來羅盤集團改變心意，就在九一一恐怖攻擊事件發生當天，他們宣布放棄這項計畫，「辛格曼千味之地」的夢想也從未實現過。

有一天當你賺了錢，一定要幫助你的社區

你可能會問：要不要在安娜堡地區以外的地方開新餐廳，有這麼重要嗎？如果是個好機會，他們也有能力應付，還能提升業績，在哪裡開餐廳有什麼差嗎？

要回答這些問題，你必須了解辛格曼與安娜堡的淵源。如果你在二〇〇二年春天來到安娜堡，

就能明白這一點。當時辛格曼正慶祝二十週年紀念，感謝信與讚美如雪片般從各地飛來，包括顧客、政府官員、當地商家、遠方粉絲乃至於移居全球各地的安娜堡人。其中一項禮物顯得特別搶眼，就是一面在「辛格曼鄰家」（Zingerman's Next Door）外牆上直立的牌子，上面寫著：

獻給我們所有人與辛格曼。
謝謝你餵養、保護、
教育、振奮、以及
激發整個社區。
祝生日快樂，
你讓一切變得不一樣。

以下署名的，是來自安娜堡以及安娜堡所在的華盛頓州非營利團體，以及這兩行字：

許許多多曾接受你幫助的人
獻上衷心的祝福。

出錢製作這塊招牌的非營利團體，並沒有誇張，因為辛格曼的確對安娜堡貢獻良多。這故事，要從辛格曼於一九八八年所成立的非營利組織「食品集散」說起。

保羅．薩吉諾說，創立「食品集散」的構想，來自於他讀到的一篇報導，關於一位紐約美食攝影師花錢租貨車，到不同餐廳蒐集食物之後，送去給救世軍（Salvation Army，一個國際基督教慈善組織）。「我心想，哇，這點子真是太棒了！」薩吉諾說，我們店裡也有很多食材，其實還可以吃，只是賣相不佳而沒辦法端給客人，通常會用來作為員工餐或直接丟棄。「我們真的很希望可以善用這些食物，」他說：「我猜想，如果我們自己會浪費食物，別的餐廳恐怕也是如此，所以我想仿效那位紐約攝影師的做法。」

正好三明治產品線的主管麗莎．德揚（Lisa deYoung）想辭職去念書，薩吉諾說服她延後求學計畫，和他一起執行這個新構想。他打電話給餐廳同業和食品公司，問他們是否願意參加這項計畫，結果大家都很支持，特別是生鮮業者、肉品與乳製品廠商。一九八八年十一月，也就是薩吉諾讀了那篇文章之後的三個月，食品集散組織成立，薩吉諾向移動饗宴（Moveable Feast）貨車公司租了一台貨車，由他和德揚兩人負責第一回的蒐集作業。

薩吉諾從此一腳踏進了非營利組織的世界。「我希望像經營企業一樣，好好經營食物集散，」他說：「艾里和我決定，由辛格曼出錢贊助這項計畫。」接下來十八年，食物集散的規模穩定成長。第一年，他們蒐集與分發出去的食物有八萬六千磅，十七年後，每天增加為二至三噸。今天，有十二位全職員工，年度營業預算為一百萬美元，其中大部分由辛格曼支付。

除了食物集散外，還有華盛特納安置聯盟（Washtenaw Housing Alliance，由十一個組織組成的團體，任務是協助「消除社區遊民」），同樣是辛格曼贊助的。還有「非營利企業管理」（Non-Profit Enterprise at Work，幫助當地非營利組織改善他們的管理能力、徵求以及訓練董事會成員、架設網站等）、野天鵝劇團（Wild Swan Theater，製作高品質低價的兒童劇，讓當地的低受入或殘障兒童也能觀看）、華盛特納社區學院（Washtenaw Community College）、華盛特納郡收容協會（Shelter Association of Washtenaw County，負責經營遊民收容所）以及其他更多慈善計畫，辛格曼也同樣出錢出力。

薩吉諾以身作則，每星期花二十五個小時當義工，他說他的職務是「精神長」（Chief Spiritual Officer），他熱愛這樣的角色。「有時候我覺得，幸好我開了一家營利公司，今天才有能力經營非營利組織，」他說：「我相信如果我們不這麼做，這個社區不會有現在的樣貌，想到自己所帶來的改變，心裡很滿足。」

千萬別學大財團，老把慈善當公關

然而值得注意的是，他們很謹慎，盡量避免運用社區活動作為公司的行銷工具。「我們並沒有刻意隱瞞，」薩吉諾說：「但絕對不會刻意宣傳。那種大肆宣揚自己投入慈善活動，老是拿來當品牌行銷工具的企業，不值得信任。」

當然也有人不贊同薩吉諾的做法。他們會說，辛格曼應該好好宣傳自己做了哪些善事，作為他人學習的典範，也有人說，薩吉諾可以用自己的時間、精力與金錢去做善事，但不應該把自己跟公司綁在一起，如同經濟學家傅立曼（Milton Friedman）所說，企業存在的目的就是賺錢，他不該把企業資源投入在「賺錢以外」的次要目的上。

薩吉諾並不理會別人怎麼說，辛格曼之所以投入社區活動，原因無他，純粹是因為覺得那是應該做的事。而且他也不認為這是什麼「次要目的」，相反地，這是他和工作夥伴們當初創業的原因之一。「金錢買不到喜悅，這種感覺真的很棒。」薩吉諾說。

書中的這些企業在自己的城市都非常活躍，但卻不同於一九九〇年代開始流行的社會責任型企業，例如班傑瑞與美體小舖。相較之下，書中企業默默從事社區活動，多數創業者就像薩吉諾，不願拿慈善活動來大肆宣傳。

何況如果我們仔細閱讀傅立曼針對這項議題所寫的論述，例如刊登在一九七〇年九月十三日《紐約時報雜誌》的文章，你就會發現，傅立曼指的是公開上市公司。傅立曼不認為上市公司有賺錢以外的社會責任，在他看來，經營者是企業擁有者——也就是股東——的員工，因此他們有責任利用公司的資源，為股東增加利益，而不是用公司資源來宣揚自己的政治或社會理念，從事跟賺錢無關的事。

不過傅立曼也說，以上觀點不適用於股權集中在少數人的非上市企業。「個人創業的情況不太一樣，」他寫道：「如果一位創業者要減少企業的投資報酬，鼓吹他的『社會責任』，只要他用的是自己的錢，而不是其他人的錢，那是他的權利，我看不出有什麼理由反對他這麼做。」

書中的小巨人就是如此，他們從事社區活動絕非為了沽名釣譽，而是真心想要做好事，安可啤酒就是很好的例子。「我們希望好好經營自己的企業，也希望成為好鄰居，」梅泰說：「我們認養了附近一家小型中學、一家小型市立圖書館分館，我們也贊助室內樂團，還有幾位年輕人在全美國參加自行車賽（最後破了紀錄）以及舊金山灣的一支划船隊。所有贊助活動，我們都沒對外宣傳半個字。

「我們還有一項我很喜歡的政策，就是：只要員工捐款給慈善機構，公司會跟著捐兩倍的錢。例如你住在聖塔克魯斯（Santa Cruz），為了維護海岸捐了一百美元給當地團體，那麼我會開出一張二百美元的支票，同樣捐給這個團體。這些年，我已經開出了不少張支票。有些公司贊助歌劇表演，老闆的照片便出現在媒體版面上，手中握著雞尾酒，站在歌劇表演舞台，老實說，我非常厭惡這種傢伙。

「我很喜歡多年來我們一直在做的事，」他說：「就是將釀酒廠開放給小型慈善團體，讓他們在這裡舉辦晚會、餐會或會員大會。我會要求他們，不可以銷售門票，也不能以捐錢作為參加的條件。這項傳統起源於歐洲，過去歐洲的釀酒廠就是市民活動中心，現在我們的釀酒廠也是如此，你隨時可以到釀酒廠聚會，這是非常棒的傳統。」

硬要將這些企業冠上「公民企業」或許不正確，但他們與社區之間的連結的確非常緊密。「身在一家業務橫跨世界各地的大型企業，你無法了解這樣的關係。」溫斯威格說。

「告訴你一個故事：有位顧客非常有趣，自從我們開店後，就常常來我們店裡，每星期會來三次。這位剛過完七十五歲生日的大學教授，曾在生化領域研究有傑出貢獻，他告訴兒子，他唯一的心願就是看到辛格曼推出一款以他為名的三明治。他兒子打電話把這個心願告訴我們，於是我們特別為這位教授製作了一份三明治，還為這三明治製作一個牌子掛在店裡。我們在某個星期六把三明治送到他家，之後他寫了一封電子郵件告訴我：三明治非常美味。

「這就是土地的連結，因為我們落腳在這裡，所以才有緣與他建立緊密關係。如果我們不設在這裡，這種關係就不存在了。」

對書中所提到的企業而言，不只是與社區建立情感交流很重要，與顧客、與員工之間建立緊密關係，也同樣重要。

| 第4章 |

先有連結，才有業績，而不是倒過來

真誠對待你的員工、顧客與每一位合作夥伴

《匹茲堡郵報》（*Pittsburgh Post-Gazette*）專欄作家瑪麗琳・魯賓（Marilyn McDevitt Rubin）有一天和四位朋友到「塔布拉」餐廳吃飯，從此她明白了為什麼聯合廣場餐飲集團帶給她某種獨特的感受。

塔布拉是丹尼・梅爾的第四家餐廳，以印度藥草與香料烹飪美國食物的創意料理打響名號。魯賓曾去過聯合廣場、葛萊美西小築及麥迪遜公園十一號，覺得餐點美味，服務無可挑剔，她很期待能在塔布拉感受到類似的完美體驗。

但對梅爾來說，完美服務並不是他想提供的，梅爾希望提供的，是「有感款待」。點完餐不久，魯賓就體會到什麼是他所謂的「有感款待」。因為她突然將椅子轉向，正好撞上端著水經過的服務生。「水從杯子內飛濺而出，玻璃杯滑落至地面，我坐在椅子上簡直嚇壞了，」魯賓後來在專欄中寫著：「其他用餐的人都很鎮定，他們太有禮貌，不好意思轉頭過來

看。就在這時，餐廳服務生從四面八方走過來，拖把、水桶、抹布、掃把紛紛出籠，用餐巾擦拭飛濺到我前面與背後的水滴……幾分鐘之後，桌子重新擺好，服務生還拿出餐廳私藏的頂級香檳招待我們。」

光是以上表現，就已經是非常高水準的服務品質，魯賓也非常滿意。但沒想到事情還沒結束，因為就在這時，梅爾親自走出來。「這是我的錯。」魯賓對梅爾說。

「我很確定這不是你的錯，」梅爾回答。魯賓當然知道這完全是自己的錯，但她也明白梅爾正試圖幫她消除罪惡感，以免影響她的用餐心情。果然，她的心情完全不受影響。她寫道，她和朋友經歷了一次非常難忘的午餐，「他們的態度非常親切，我們吃得很開心……」

當他們穿上外套準備離開時，那位倒楣的服務生從廚房裡出來，再度致歉。「我盡己所能很誠懇地告訴他，我才是真正該負責的人，」魯賓寫道：「但他的反應就如同他的老闆，這位服務生也要我別自責，仁慈地將一切過錯攬在自己身上。」

這，就是魯賓傳達給百萬名讀者的訊息。

創業者，都要有一種「不愚蠢的強迫症」

不論你的企業有多優秀，都難免出錯，丹尼．梅爾非常清楚這一點。「有人在你的燉飯中發現一顆小螺絲釘，他一定會告訴所有他們認識的人，」他曾在《美味》（*Gourmet*）雜誌中說道：「我無法改變錯誤，我能做的，是確保當他們向別人提起這件事時，會接下去說：『但是你知道這家餐廳如何處理嗎？』」

當然，這是為何高品質顧客服務如此重要的原因。不論你從事的是哪一行都一樣，一旦你提供了意想不到的服務，很快就成為業界傳奇，媒體爭相報導，口碑傳千里，這是最有效的行銷工具。然而，梅爾對於服務的認知，是出自於另一個想法。「我學到的是，」他說：「我非常喜歡看到人們快樂。」所謂「有感款待」，指的就是確保顧客們可以快樂用餐的方法。

在《追求卓越》一書中，湯姆．畢德士（Tom Peters）指出，偉大的企業創辦人在建立事業時都有某種「一點也不愚蠢的強迫症」。這話也許說明了梅爾為什麼如此堅持，他並不否認傳統顧客服務的重要，但是他認為，這些不過是服務技巧而已，就餐廳而言良好的服務包括了迅速出餐、食物必須熱騰騰上桌、當然也包括盡快清理摔到地上的水杯。你可以教導人們做這些事情，而且可以做得很好。但有感款待是一種情感技巧，你必須讓顧客感覺你「站在他們這一邊」。「讓他們知道你站在他們這一邊，就這麼簡單。」他說。

說得簡單，但一點也不容易。就算是梅爾本人，也未必能完全教會員工什麼是有感款待。他可以用實際例子說明，例如，當看到顧客在兩種甜點之間舉棋不定，他可以免費請客人試吃其中一種；當客人忘了帶走皮包，會主動快遞寄還，而不是要顧客回來拿；有位經理在桌上放一朵玫瑰花，因為他知道奈特利夫婦結婚週年時都會選擇這個位子——那是奈特利先生向太太求婚的地方。此外，梅爾也可以提供工作人員一套軟體，幫助他們記下這些細節，例如哪些人是老顧客、哪個人希望馬丁尼酒不要加冰塊、哪個人打電話訂位時特別難搞（他們通常會在這個人名字旁加註ＡＡ，表示要「特別注意」）。

但是，梅爾無法讓一個沒有同理心的人擁有同理心，他無法讓他們敏銳地感受到自己的行為對他人造成的影響，他無法讓他們打從心底願意盡一切努力，讓顧客不只是感覺很好的服務而已，而是感覺自己「被親切地對待」，享用了一頓令人回味無窮的晚餐。所以他雇用員工時，會盡量尋找擁有這些特質的人，然後再訓練服務技巧。

事實上，早在他明白「有感款待」這個概念之前，他就已經這麼做了。他真正體悟到其中的要義是在一九九五年，當時他正忙著挽救第二家餐廳：葛萊美西小築。當時的情況有點棘手，他擔心自己可能會破產，他小時候就目睹父親兩次破產，因此急著尋求協助。他花錢請了一位顧問，而這名顧問點出了一個關鍵：雖然在《查格評鑑》中將聯合廣場在食物方面排名第十、在服務方面排名第十一，而且即使沒有錢裝修餐廳，消費者還是票選它為全市最受歡迎餐廳的第三名。這意味著，他的餐廳擁有另一種魅力。後來梅爾和他的工作夥伴發現，魅力可能就來自熱情的款待，這種熱情款待來自於他們對於五項核心價值的承諾，依重要程度排列分別為：重視每個員工、重視每位賓客、重視社區、重視供應商、重視股東與獲利。

有了這樣全新的體悟，梅爾和他的團隊成功讓葛萊美西小築的經營步上軌道，並成為市內最受歡迎餐廳第二名，僅次於聯合廣場。從此之後，這五項核心價值成了公司穩固的基石。「丹尼．梅爾餐廳裡每一個人的每一個動作，都是為了達成這些聽起來似乎有些陳腔濫調的理念，在那裡工作彷彿就像是加入了某種宗教團體，」《美味》雜誌的布魯斯．費勒（Bruce Feiler）寫道，他曾在聯合廣場咖啡店擔任三星期店經理：「外人很難想像，他們有多麼認真對待自己的工作。」

沒錯，這確實是關鍵所在，真正的好服務，必須讓顧客感覺到你很認真對待他們的光臨，你會努力維繫彼此的關係，你希望他們滿意，還希望他們快樂。這已經超出服務的範圍了，公司必須透過一對一的、個人對個人的聯繫，才能與顧客發展出這種情感聯繫。

博好感情，業績自然來……

不是只有餐廳才能透過這種方式與顧客建立連結。書中提到的其他企業雖然並沒有使用「有感款待」的說法，但做的卻是相同的事情。這是他們擁有魔咒的關鍵要素，也是外界最能清楚感受到的部分。

以克里夫能量棒為例，它的行銷策略是要與消費者建立直接聯繫。他們仍會採用傳統廣告行銷活動，但費用僅有競爭對手的十分之一。相反的，他們會將七五％的行銷預算花在贊助與舉辦各種地方、區域或全國性活動。這類活動每年將近一千到二千場，其中有許多是由克里夫能量棒員工組織、籌備以及提供人力。該公司也贊助超過一千名業餘選手與職業選手，這些人就如同公司的代言人，透過他們可以接觸到更多自行車選手、攀岩選手以及其他運動選手，吸引他們成為公司顧客。透過這些選手所參加的競賽、員工所舉辦的活動，以及其他贊助計畫——例如月之饗宴（LunaFest）女性電影節，克里夫能量棒就可以和數千位顧客直接面對面接觸。公司可以從這些消費者身上得到誠實的回饋意見與新概念，消費者也可以認識這家公司。

還記得我在前言提到的「練習」嗎？艾瑞克森和他的員工找出那些曾經擁有魔咒、後來卻失去的公司，然後再思考為何他們會失去魔咒。大家的結論是：這些公司「遺忘了與顧客的情感連結……只專注於經營的過程」。傳統的行銷手法如大量廣告宣傳、零售促銷、大規模活動贊助等，的確可以迅速地刺激產品銷售，但未必能維持與顧客的情感聯繫、帶來魔咒。他相信有了魔咒，銷售自然會有成長，事後證明，確實如此。

當然，聯合廣場與克里夫能量棒所採行的方法，未必適用於別家公司。每家企業必須依據自己的獨特條件、企業特性以及顧客類型，找出自己的方法與顧客建立親密關係。舉例來說，城市倉儲為企業提供檔案儲存服務，最主要的打交道對象，不是企業老闆或高階主管，而是專門負責處理檔案的部門經理或中階主管。布羅斯基希望，能和這些人建立良好的關係。

你有沒有親筆寫過信給客戶？

因此布羅斯基的太太伊蓮，會親筆寫信給他們，歡迎他們使用公司的服務，並告訴他們，如果未來有任何問題要討論，可以直接找她或她先生，最後寫下兩人的聯絡方式。至於布羅斯基自己則會親自拜訪每位潛在客戶，他習慣每年至少和客戶進行一次追蹤會議，直到後來客戶數目過多才停止這麼做。不過他仍盡可能地親自拜訪客戶，邀請他們參加公司活動，包括每年在布魯克林區的城市倉儲廠房所舉辦的派對，請客戶坐在第一排欣賞梅西百貨的煙火表演。此外，倉儲區的走道會以某些客戶的公司名稱命名，同時也會舉辦盛大的命名儀式，讓客戶感到貼心。

不過最特別的是，城市倉儲四百名員工所扮演的角色。該公司多數員工來自市中心，而且很多在來這裡上班之前，從未有過一份福利好且生涯發展機會穩定的工作。如同其他小巨人企業，城市倉儲努力創造一個能讓員工感覺被重視、被尊敬的環境，讓工作變得有趣。例如，公司會舉辦一項遊戲競賽，當儲存箱到達新的高度，就發給每個人獎金。或者，當儲存箱數量接近某個重要目標時，公司會玩另一項遊戲，讓員工猜猜看哪一天會達成目標，猜中的人有獎。公司也會贊助一些比賽，純粹為了好玩（哪個部門的花長得最好），或是為了員工健康（看誰減重最多）。最重要的，城市倉儲的福利相當優渥，包括健康保險、退休基金（員工每投入一元，公司就提撥一．三元到退休金帳戶）、進修補助（員工在外進修只要平均成績在B以上，就可以獲得公司補助）等等。

公司會把握每一個機會，證明他們有多麼重視員工。九一一事件發生後，有員工在辦公室親眼目睹對岸的世貿大樓倒塌而驚嚇不已，伊蓮．布羅斯基特別請心理諮商師來公司，幫助這些員工走出創傷。之後諾姆．布羅斯基舉辦了全公司的籃球巡迴賽，提振員工士氣（確實有效），每個月邀請按摩師到公司為員工按摩。員工也可以用折扣價購買電影票，由公司補助部分金額。如果員工表現優良，公司也會購買季票，請他們觀看紐約職業籃球與棒球隊的主場賽事。

他們創造了一個溫暖、樂觀的企業文化。有一天，布羅斯基發現連客戶也深受這樣的文化吸引。當他帶客戶參觀公司時，會在標有大大的記號顯示儲存箱競賽進度的倉儲區停下來。參觀的人會提出問題，他就會解釋公司的經營哲學與政策。這些客戶便會微笑地搖著頭說，「哇，我可以來應徵嗎？」有一位新客戶寫信說，他已經決定將他公司的五千個儲存箱存放在城市倉儲，希望讓他們的總數量達到新紀錄，這樣員工就可以領到紅利獎金。

每一位員工，都是你的客服

伊蓮認為，在建立與客戶的緊密關係上，每一位員工都扮演著重要的角色。因此，她認為所有全職員工都應該接受客服訓練。這筆投資相當龐大，邀請訓練員的費用要一萬美元，還要加上員工參加三天課程的時間，沒想到員工反應非常熱烈，因此結束第一次的課程之後，伊蓮決定繼續這項計畫，每月定期舉辦客服講座。透過這些課程讓員工明白，公司裡每一個人都可以改變客戶對公司的感受。「當你看到有人來參觀公司，通常就是潛在客戶，」她說：「我希望讓他們感到賓至如歸，看見每個人都面帶微笑，願意說聲哈囉。」

訓練課程所帶來的威力超乎她的預期，而且從公司內外部都可以觀察得到，部門之間的關係獲得改善，員工更了解每個人所扮演的角色。大家更願意相互提供回饋意見，當客戶打電話讚美時，一定會讓倉儲部門的員工聽到。有任何的抱怨或要求，員工也會相互協調，去做該做的事情。課程開始之後的六個月，城市倉儲接到的讚美電話、信件，遠超過之前十四年的總和。

有一天下午，當時的公司總裁路易斯・溫拿（Louis Weiner）帶著一名潛在客戶剛參觀完公司，回到自己的辦公室，最後一項行程是與布羅斯基會面。布羅斯基問對方，是否有考慮其他的廠商。「是的，目前有兩家。」客戶說。

「你有看到我們和其他廠商不同的地方嗎？」布羅斯基問。

「有，我看到了，」潛在客戶說：「每位員工都面帶微笑，對我打招呼，我從未見過這樣的場景，他們一定非常快樂。」

「我們很用心，」布羅斯基說：「謝謝你注意到了。」

「事實上，我已經決定把生意交給你們了！」對方說。

布羅斯基嚇一跳，以前從未發生過這種當場成交的情形。通常客戶參觀完公司後，需要花幾天的時間仔細評估，才會給予答覆。不過布羅斯基藏起心中的狂喜，「太棒了，」他鎮定地說：「你做了正確的決定。」

客戶離開後，布羅斯基告訴太太，她聽完之後毫不猶豫地立刻打開播音系統，告訴全體員工這個好消息。

你要拚價格，還是博感情？

管理大師麥可．崔西（Michael Treacy）與佛列德．魏爾斯摩（Fred Wiersema）在一九九五年出版了《市場領導學》（*The Discipline of Market Leaders*），主張企業必須專注提供顧客以下其中一種「價值」：最好的價格、最好的產品或是最好的整體解決方案。每一種價值需要不同類型的組織、企業文化以及心態，因此，如果你想要同時滿足一種以上的價值，一定會出問題。

舉例來說，如果要提供最好的價格，你就必須專注於「讓營運更有效率」，你每天的任務就是把一件事情做到極致，這樣才有可能壓低成本。如果你想提供最好的產品，你就必須專注於創新、而非效率，也就是走在顧客之前，在顧客知道自己需求什麼之前就先開發出產品。最後，如果你想提供最好的整體解決方案，就必須採取另一種做法：「親近顧客」，也就是開發出有足夠彈性的產品，滿足顧客多樣的需求，並與顧客緊密合作，提供他們需要的一切。要能達到這樣的目標同時兼顧獲利，你的企業就必須依據「親近顧客」這樣的原則來設計。這並不是說，不需要提升公司的效率與創新能力，而是你必須知道如何滿足不同顧客的獨特需求。

這本書中的每一家小巨人，都是顧客的好朋友。通常，製造業要創造這種親密關係會比較困難，而且要思考得更周全，但儘管困難，還是可以做到。其中一個例子，就是一家位在樹城的倒車警示燈製造業者「艾科公司」。

艾科公司的前身是成立於一九七二年的電子控制公司（Electronic Controls Company），一九八四年，財務出身的吉姆．湯普森買進艾科公司百分之五十的股份，隔年再和姊夫席曼合力買下剩餘的股份，全權掌握了公司。

當時的艾科公司仍背負龐大的債務，業績也未好轉。「剛開始幾年，我只想到如何讓顧客願意花錢，如何把產品賣掉，」湯普森回憶說：「過一天算一天。」一九九〇年代初期，艾科公司開始快速成長，在美國警示燈市場的占有率從一九八四年的五％，提升至一九九三年的三三％，營業額也從一九八四年的六十四萬美元，增加到一九九三年的九百五十萬美元。這全要歸功於湯普森與席曼和顧客、通路商與汽車製造商建立的人脈關係。

後來，湯普森第一次心臟病發，迫使他不得不改變生活。他希望席曼接任總裁職務，並給席曼一個月的時間思考。一星期之後，席曼說他可以幫忙，但不願接下總裁頭銜。「萬一我把事情搞砸了，你還是可以回來坐鎮，」他說。「如果你搞砸，我就把公司賣掉，」湯普森回答：「你還有二十三天的時間可以做決定。」最後，席曼只好同意接受總裁的職務。

親近顧客，滿足顧客的實際需求

隨著席曼上任，艾科的文化也跟著變了，也比過去更重視「親近顧客」，與顧客建立更緊密的關係。為了幫助高階主管改變思維，席曼邀請樹城州立大學的行為科學家盧伊．葛雷恩（Roy Glen），為主管們舉辦了每年一次、每次三天的研討會。葛雷恩向大家介紹崔西與魏爾斯摩的價值原則概念，主管們也非常清楚他們應該追求哪一項價值原則。

從數字上看來，他們確實表現可圈可點，一九九四年稅前純益為五十五萬美元（相較於前一年成長一〇〇〇%），營業額達到一千二百四十萬美元（比起一九九三年成長三一%）。艾科也是全美國第一家獲得ISO-9001的認證、員工少於一百人的公司，也是全球第一家獲得ISO-9001認證的警示產品製造商。

然而，「親近顧客」說得容易，實際上並不簡單，因為要做到這一點，不僅是關心顧客、銷售好產品而已，你還必須有能力提供滿足顧客多樣需求的產品，同時價格還要低於市場上其他競爭對手。而要具備這種能力，首先你需要調整團隊，席曼接任總裁職務後四個月內，九位資深經理人當中有七位轉調至其他職位或是離開公司。接著，艾科公司必須改變產品開發系統，重組工程部門，雇用新的工程人員，大筆投資硬體與軟體，雇用有銷售類似產品經驗的業務員，訓練既有員工製造與銷售這些產品，建立新的內部溝通與部門協調機制。換句話說，所有事情都必須改變。由於湯普森跟席曼都不希望引進外部投資人，也不願再增加額外負債，所以必須自行創造現金收入，才足以支付改造公司所需的費用。

改造公司得花費數年時間，過程中難免發生代價高昂的錯誤，舉例來說，他們是吃了大虧才明白「不應該浪費時間與金錢為新顧客開發新產品」，「不應該向過去不認識、在業界沒有任何紀錄的供應商採購」等等。就算是艾科公司自己成功研發出新商品，想推薦給老客人其實也非常不順利，例如他們開發出可以簡化公車車廂內配線的精巧裝置，結果卻始終無法說服公車廠商採購，因為過去艾科並沒有在這個領域建立口碑。

但這些問題不盡然是阻礙，有時候反而是很好的學習經驗，漸漸地，艾科成了製造業親近顧客的典範，它可以提供六百種不同規格的倒車警示燈，而不是一般業界的三十或四十種，每種規格可以依據不同的交通工具隨意修正。還有緊急燈也是，他們推出了兩款鏡片，可以適用於高達三十種不同類型的緊急燈。另外還有一種可更換的燈管，適用於五十種燈，一種可適用於多種電壓的電路板等等。

為了生產這些顧客所需要的產品，艾科需要一流的工程師。一九九四年公司只有兩位工程師，而且沒有一位取得專業工程師（professional engineer）認證。十年後，公司有十八位工程師，每一位都是專業認證工程師。目前已經退出公司日常營運、僅擔任董事長的湯普森表示，這群工程師擁有完整配備以及最先進的產品設計工具，他們會邀請顧客共同參與設計，顧客透過軟體看到產品的設計，提供意見之後，艾科的工程師修正設計後重新上傳，顧客還可以登入軟體看修改後的結果，再打電話給艾科的工程師說明如何進一步修正。顧客愛死了這套軟體，例如艾科一位重要客戶、全球最大倒車警示燈使用廠商開拓重工（Caterpillar），就經常運用這套軟體。

儘管如此，艾科公司在工程技術上的投資負擔並沒有大幅增加，十年前為營收的三％，現在也僅有五％，這主要得歸功於公司轉型後生產力大幅提升。一九九四年，每位員工的營業額為七萬美元，二〇〇四年每位員工的營業額增加了一倍，達到十五萬六千美元。同時拜新科技之賜，機械工具的前置時間從原本的二十六星期降為八星期，新工具的成本從七萬美元大幅縮減為一萬二千美元。

艾科公司不僅懂得善用新科技，也比同業更努力親近顧客。對艾科員工來說，親近顧客是一種熱情。「我拜訪過三十到四十多家使用 Solid Works 軟體的公司，」陶德．曼斯菲爾德（Todd Mansfield）提起過去銷售這套高級電腦輔助設計軟體（運用這種軟體，工程師只需要花幾秒鐘的時間，就可以搞定原本要花上好幾天才能完成的設計工作）的經驗時說：「艾科是佼佼者，他們做得比其他任何公司都要好。他們知道自己有什麼，而且懂得如何運用他們所擁有的資源。」他對艾科公司的印象非常深刻，後來乾脆跳槽到艾科工作。

建立「社群感」，你將擁有威力強大的商業工具

除了與顧客建立親密關係，小巨人們與供應商之間的關係也很緊密。辛格曼商業社群就是個好例子，他們透過自家餐廳、辛格曼商業社群電子報以及試吃會等活動，建立顧客與供應商的橋梁。每一家供應商都有說不完的故事，例如班恩（Ben）與布萊爾・瑞波（Blair Ripple）在印尼峇里島擁有一座農場，供應辛格曼峇里島海鹽以及長椒（Long Pepper），溫斯威格在每星期的電子報中曾提到，長椒已在歐美地區消失長達四到五百年。辛蒂（Cindy）與大衛・梅傑（David Major）供應佛蒙特牧羊起司，原料取自於他們自己豢養的羊隻，配方則是源自於法國西南部歐梭地區的羊起司製造廠。辛格曼使用的野稻則是由明尼蘇達州的奧吉布瓦族人提供，根據員工的說法，這些野稻是湖邊野生的，長成後奧吉布瓦族人便開始收割、運送至此，與一般超市所賣的野稻不同。類似的故事太多了，對溫斯威格而言，幫助顧客認識食物來源、讓供應商認識消費者，是打造親密關係的方法之一。

總之，高度連結確實是企業魔咒的主要來源，因為這關乎情感的需求，而不僅僅是物質的需求。也許我們可以將這個過程稱為「建立社群感」，存在於企業、員工、顧客以及供應商之間。這種社群感建立於三大要素之上：一是正直、不虛假，二是專業、信守承諾，三是我們先前討論過的：彼此關懷，創造情感的聯繫。在這件事情上，沒有任何企業做得比搖滾寶貝更多。

搖滾寶貝所激發的熱誠，很難在其他一般企業身上看到。從搖滾寶貝的顧客（也就是安妮・第凡可的粉絲）所展現的死忠就可明顯看出：有人會主動幫忙宣傳第凡可演唱會，不是為了賺錢，而是想要一張演唱會門票；還有人寫信來索取海報，好讓他們貼在校園或街道上；還有歌迷會主動幫忙監督，網路上是否有人違法下載。早在搬進教堂之前，就有歌迷遠從澳洲與瑞士前來——不是為了看第凡可表演，而是想要參觀搖滾寶貝位於水牛城市中心的總部。「我站在那裡，懷抱著敬畏之心。」一位從洛杉磯遠道而來的訪客在留言板上寫下。「我來自休士頓，」另一個人寫著：「這裡真的好棒。」

儘管每年有成千上萬的粉絲來函，搖滾寶貝的員工仍會一一親筆回信。公司還特別增加人手，負責回覆電子郵件，顧客只要打客服電話（1-800-OnHerOwn），還可以直接和員工聊天，因為搖滾寶貝沒有學其他公司把客戶服務外包讓別人代勞。搖滾寶貝與顧客建立如此緊密的關係，令人打從心底敬佩。

誠實問自己：你是否真心對待顧客？

「對顧客好還不夠，」費雪說：「我們希望和顧客之間的關係是自然的、真實的，而非刻意的。我們會親筆回信，親自接電話，因為我們希望寫信或打電話來的顧客所接觸到的是真正關心他們的人。」

不過有時候情況也不是那麼好處理。曾有個年輕歌迷因為錯過了第凡可的演唱會，心情極度沮喪，割腕並吞下大量藥丸，然後打客服電話進來，接電話的員工將電話轉給費雪，講了四十分鐘，直到他確定這位年輕人可就近獲得協助。掛電話之前，這名年輕人表達他的感謝：「我知道你們一定會陪我，我就是知道。」

「他知道一定會有人接電話，」費雪說：「當我們知道顧客認為他們可以如此信任我們，真的很欣慰，但這也意味著我們必須更謹慎維護公司的名聲。」

搖滾寶貝有許多周邊商品，除了CD以及卡帶之外，歌迷可以訂購搖滾寶貝T恤、冰箱磁鐵及海報等等。負責撰寫產品型錄文案的是盧恩．耶姆克，「費雪非常清楚這份型錄不要成為什麼樣子，」他回想說：「他告訴我，想像一下那些歌迷，他們手上已經有了我們非常炫的酷卡，你還寄普通的型錄給他們幹嘛？我們要做得比自己過去更好，而不能光想著把商品塞給歌迷。」

費雪有一個新點子，就是在型錄中附上一封叫「嗨，大家好」的信，讓歌迷知道搖滾寶貝的最新動態。耶姆克必須絞盡腦汁，找出最恰當的用語。「我們不要讓粉絲們覺得我們高高在上，」他說。所有草稿都由費雪和第凡可審核過，有時候他們會大幅度修改。「這是一段長期的學習過程，讓我們學會如何讓語言更貼近顧客。」

他們會避免使用某些文字，例如會用「顧客」或「朋友」，而不是「歌迷」，第凡可不希望創造個人崇拜，因此絕不組織歌迷俱樂部，她的臉也不可能出現在T恤上。「我們一直在摸索，」耶姆克說：「我記得安妮有次看到一份新聞稿，她唯一的評語是：要更有趣一點。總之，我們反對採用業界常見的宣傳花招。但我們內部也曾經辯論過：如果不相信行銷、瞧不起行銷，要如何做宣傳？」

設計師布萊恩．葛魯奈特是水牛城廣告社群的老手，對於搖滾寶貝所採取的行銷手法，他感到非常驚訝。「他們並沒有刻意地推銷，頂多只是把商品陳列出來而已，」他說：「他們不希望誘騙消費者去買唱片，他們的理念是這樣的：製作值得購買的商品，然後陳列出來，讓消費者自然被產品吸引——或是不被吸引。」

這一切，都要歸功於搖滾寶貝建立的好名聲。而和歌迷們一樣，發行商對於搖滾寶貝也同樣忠誠，因為搖滾寶貝對他們也同樣不離不棄。例如一九九五年，費雪與美國最大的獨立唱片發行公司科赫娛樂（Koch Entertainment）的麥可．科赫（Michael Koch）碰面，科赫堅持獨家發行第凡可的專輯。但這讓費雪很為難，他可以與兩家最近才開始合作、而且業績不怎麼樣的地區發行公司解約，但不願意放棄另外兩家專門發行女性音樂作品的公司——「麒麟草」（Goldehrod）與「仙履蘭」（Ladyslipper），因為他們有著深厚的淵源，早在第凡可還未成名前，這兩家公司就很夠意思的一路相挺第凡可。「我告訴科赫我們希望能繼續和這兩家公司合作，」費雪說：「但他說不可能，我只好說那我們無法合作了。不過，最後科赫還是同意讓我們繼續跟這兩家發行公司合作。」

做生意別太現實，別忘了飲水思源

搖滾寶貝不僅與發行商之間有情有義，與上游的合作廠商也是如此。第凡可在一九八八年製作第一卷試唱帶時是由ESP公司製作，之後第凡可所有的卡帶與CD製作也一直都交給這家公司。剛開始，這家公司只是一家小工作室，如今已經擁有四十名員工，每星期為不同顧客共製作十四萬張CD，這一切，都要感謝搖滾寶貝過去這幾年來堅定的支持。

搖滾寶貝合作的印刷廠特納印刷公司（Thorner Press），也很感謝搖滾寶貝。負責與特納聯繫的派特．湯普森說，打從一開始費雪就表明，所有印刷品都要交給設在水牛城的印刷廠，而不是某家遠在加拿大的印刷廠。有一天他急著要一張海報，派特只好請加拿大的印刷廠緊急趕印。費雪雖然第一時間同意了，但他看到海報時還是把派特叫進辦公室。「他關上門，然後說：『派特，以後不要再讓我做這種事，如果可以在水牛城做，就在水牛城做。』我說：『遵命！』」

還有多年來一直為第凡可籌備演唱會的製作人，搖滾寶貝也同樣忠誠。達西．葛瑞德（Darcy Greder）在一九九二年第一次為第凡可舉辦演唱會，地點就在伊利諾州布魯明頓的伊利諾衛斯理大學（Illinois Wesleyan University），當時觀眾有一百五十位。六年後，她舉辦了多次將近五千人的演唱會，如今伊利諾中部的演唱會仍由她負責。「這是他們的理念，」葛瑞德說：「要懂得飲水思源。」

你可以說，這麼忠誠固然很好，但其實會阻礙公司的成長，使得第凡可無法拓展聽眾群。搖滾寶貝自己也很清楚，維持這種忠誠關係是必須付出代價的。「有人提供大筆資金，要求我們解除與既有製作人的合作關係，但都被我們拒絕了，」第凡可的表演經紀人、合作時間超過十二年的吉姆·富萊明說：「金錢不是我們看重的，安妮、費雪和我非常尊重與敬佩從一開始就陪伴我們、幫助我們的朋友，我認為這樣的理念到頭來，還是能讓我們賺到錢。」

不過對供應商而言，「忠誠」不足以完全說明他們對於搖滾寶貝的感受。在他們眼中，從第凡可本人到整個公司，都具備專業精神。費雪提到一段往事，有一次在巡迴演唱會途中，第凡可收到一份緊急邀請，希望她為茱莉亞·羅勃茲及休·葛蘭主演的《新娘不是我》（*My Best Friend's Wedding*）某個場景寫歌。當時是星期二，電影工作人員希望在這個星期之前完成。第凡可不但同意，而且如期在星期五將完成的作品送到攝影棚，歌曲意境非常符合電影的場景。電影工作人員非常感激，對第凡可更是印象深刻。

「這就是安妮，」費雪說：「也許有人不喜歡她的音樂，但是沒有人能說她不專業或不認真。我一直希望公司能像她一樣專業，過去獨立音樂創作者最讓人詬病的一點，就是沒紀律、不準時，但我們不一樣，我們準時付款，準時推出ＣＤ。我們也制定了不延遲訂單的政策，如果你在下午兩點之前下單，我們會在第二天出貨。」

許多和搖滾寶貝有生意往來的人，都對公司的專業非常讚賞。「他們是很好的生意夥伴，」自一九九〇年代中期之後一直負責第凡可紐約市演唱會工作的維吉尼亞．吉奧達諾（Virginia Giordano）說。「他們事必躬親，貼近他們的產品、誠實、專業、關心別人、及時解決問題，不會死命要錢，非常公道，我合作過的公司當中並不是每一家都能這樣。」

「他們是獨立唱片公司的完美典範，」位於南、北卡羅來納州的連鎖唱片行曼尼凡斯特（Manifest Discs & Tapes）創辦人卡爾．辛麥斯特（Carl Singmaster）說：「他們對自己的專輯總是全力以赴，他們知道何時該投入行銷資金、投入在哪些地方，很少做蠢事。」

搖滾寶貝與顧客以及供應商之間的關係最特別之處，在於雙方關係的「本質」。他們之間幾乎不存在那種「在商言商」的生意關係，他們刻意不要在商言商，而是將顧客與供應商視為分享共同使命的朋友。「他們真的打從心底相信這樣的想法，自己的生意要顧好，但共同打造美國文化產業也很重要，」作家盧恩．耶姆克說：「他們真心這樣相信。」

「他們經營公司所依據的價值觀，與他們生活所抱持的價值觀是一致的，」大學學生會副主席與演場會製作人達西．葛瑞德說：「安妮所說的話、她的音樂、她的藝術，以及她的日常生活，都非常一致。」

這一切，都歸功於搖滾寶貝與大夥兒共享的社群感。包括當地較傳統的生意人，也感受到這股魅力。「如果搖滾寶貝離開，絕對是對水牛城一大打擊，」科赫娛樂的總裁麥可．羅森伯格（Michael Rosenberg）說：「能夠與搖滾寶貝以及安妮．第凡可合作，我們感到很驕傲。對我們來說，如果失去這位合作夥伴，我相信很多人心裡會很難過。」

其實話說回來：這一切，第凡可本人很少親自參與。科赫公司裡的銷售與行銷人員幾乎沒有機會接觸第凡可或費雪，他們對於搖滾寶貝的認識，主要來自於與品牌經理瑪麗・貝格麗（Mary Begley）、零售經理蘇珊・泰納（Susan Tanner）等聯繫窗口。「和他們合作真的非常愉快。」羅森伯格說。

這，正是擁有魔咒企業的小祕密：通常，營造這種緊密連結的不是高層人員，而是平日實際負責業務的經理人與員工。正是因為這群人，企業精神才能傳達給外在世界，他們才是公司最重要的資產。

這也正是小巨人企業最與眾不同之處，在他們眼中，員工第一，顧客第二。

第5章

當我們同在一起，在一起……

放下傳統企管書，真誠對待每一個員工

蜜雪兒．霍華德（Michelle Howard）在艾科公司工作。二〇〇三年秋天的她年方三十一，已是公司內任職九年的資深員工。身形豐滿、雙眼炯炯有神、熱情奔放的她，非常喜歡顧客服務這份工作。「每天總是忙著工作、學習和解決問題，」她說：「我的工作就是盡一切努力讓顧客快樂，但其實關於該怎麼做，公司並沒有太多規定。假如運送出問題，或是寄出去的數量不對，我可以趕緊用隔夜快遞，在隔天早上八點以前送到顧客手中，或者我們也可以讓客戶延後付款以作為補償，總之，可以用任何我們認為最好的方法。」

就像其他一百四十多位同事一樣，蜜雪兒也是艾科公司的股東。她加入了員工認股計畫，所有員工總計擁有公司五八％的股權。我和她會面時，她所持有的股票總值一萬二千美元。更重要的是，她感覺自己就像是公司的老闆。執行長席曼每月會和當月壽星一

起共進午餐，天南地北聊天。公司每個月會舉辦全體大會，公布財務狀況。「這裡沒有祕密，」蜜雪兒說：「一切都是大家共享，這讓我有安全感，我知道公司不會突然被賣掉，我也不會突然失去工作。我希望公司永遠不會被賣，我不喜歡在大企業工作，我喜歡艾科公司的經營理念，我知道如果真的發生了什麼事情，艾科公司會盡一切努力照顧我以及其他所有需要照顧的人。」

她會這麼說，有充分的理由。

將心比心，陪伴員工們度過人生低潮期

一九九四年八月她第一次拜訪公司，當時她只有二十三歲，是個單親媽媽，必須獨立撫養三個年幼的小孩，其中大女兒只有四歲，小女兒兩歲，最小的兒子只有七個月大。她高中畢業就結婚，但後來丈夫不告而別，留下她和三個小孩。蜜雪兒沒有高學歷，也沒有任何特殊技能，不知道日子該如何過下去。她找不到全職工作，只能靠糧食券（food stamp）勉強度日，唯一能求助的對象是同樣生活困窘的母親。「真的讓人恐懼，」她回憶說：「那是我這輩子最糟的一段時間。」

她母親的一位朋友正好在艾科公司工作，告訴她艾科公司在找臨時雇員，於是蜜雪兒去應徵也被錄取了，而她母親則是幫她帶孩子，好讓她去上班。沒多久，艾科公司將她轉為正職員工。

她的工作內容是負責將標籤貼在閃光燈上，雖然工作簡單、重複性高，但蜜雪兒對於能得到這

份工作心懷感激。接下來幾個月，她的工作仍是貼標籤，然後裝箱等著運送。一九九五年二月，艾科公司業務副總裁丹．麥肯（Dan McCann）把她轉調到客戶服務部，負責接電話、接訂單、處理顧客問題。「剛開始我不願意，」她說：「新職務聽起來有點困難，我一點經驗也沒有，怕沒法勝任。但是，丹說他相信我可以。」

新職務確實是個挑戰，她必須熟悉公司所生產的每種倒車警示系統與警示燈，還得了解如何裝置與拆解這些產品，同時還要弄懂新安裝的顧客追蹤流程，透過電腦尋找她所要的資料。此外，她必須直接面對顧客，包括那些難搞的麻煩顧客。

與此同時，沉重的家計負擔一直未曾減輕。「後來艾科公司知道我的情況，盡一切努力幫我，」她說：「他們讓我預支薪水。」她想起過去同事們給予她無數次的協助，特別是人力資源部門主管凱倫．坎貝爾（Karen Campell），幫了她很大的忙。有一次蜜雪兒的兒子病得非常嚴重，醫師研判可能是罹患百日咳，所有家人都必須隔離五天，坎貝爾帶著食物和鮮花到她家。「我忍不住哭了出來，」蜜雪兒說。

如何熬過來的？「感謝上帝和艾科，」她說：「我沒有好學歷，如果當初沒來這裡上班，就沒有現在的一切。在這家公司，你可以得到這一切。我記得有個女孩在生產線工作，她很羨慕我能坐在辦公室裡上班。我告訴她，我是從貼標籤開始做起的，所以你一定也有機會。現在，她已是生產線的主管。」

如今蜜雪兒和她的小孩住在自己買的房子，透過艾科人力資源部門的協助，她從進公司之後所開設的個人退休基金帳戶中預支了二千八百美元。「以前我只能住在租來的公寓，和三個小孩睡在同一個房間。現在，他們有了自己的房間。我從來沒想到，有一天我可以擁有自己的房子。」她的小孩都已經上學了，表現也很優秀。「我的大女兒現在是八年級，還是班上的副班長，」蜜雪兒說：「我真的以她為榮。」

她對公司的感恩，有時候聽起來有一點肉麻，卻是可以被理解的。有一次在檢討財務狀況與分享公司其他資訊的會議上，「艾科加油，」她突然大叫。「事後有人告訴我，你真是馬屁精，」她說：「我問對方，你是什麼意思？你不覺得本該如此嗎？我只是感謝上帝給了我這份工作，以及我們在這裡得到的學習機會、尊敬與愛。艾科在乎所有在這裡工作的人，我們也在乎彼此。我無法想像去別的公司工作，只要公司需要我，我願意一直留在這裡，我希望幫助公司更成功。」

你需要多少員工，才叫作「剛剛好」？

關於如何激勵員工，坊間有各式各樣的書籍、文章、錄影帶及錄音帶。如果你想真正了解箇中訣竅，我建議你深入了解這些小巨人。

員工與企業的關係，確實是這些企業魔咒的核心基礎。如果沒有前者，就不會有後者。除非多數員工熱愛他們的工作，除非他們感覺受到重視、欣賞、支持及授權，除非他們看到未來有更多學習與成長的機會，也就是說，除非他們對於自己所做的一切、一起工作的夥伴、以及未來的發展感覺很棒，否則這家公司就不會有魔咒。為什麼？因為讓企業顯得與眾不同的因素——包括好品牌、好產品或服務、與顧客和供應商的好交情、與社區之間的好關係，都必須仰賴員工。

我們必須了解，這不僅關乎工作氣氛而已，許多擁有快樂員工的公司沒有魔咒，有些擁有魔咒的公司，員工卻不快樂。這也不僅是薪資、福利的問題，當然這些很重要，但本書中的企業之所以成功，是因為它們激發了強烈的歸屬感，也就是先前我們提到的「親密感」。

當然，創造這種親密關係的能力與規模有關。除了某些知名企業之外，員工人數與情感密切度，通常呈反比。這並不是說，只要降低員工人數，就可以創造良好的工作環境，擴大規模就會破壞原本良好的工作環境，我要提醒的是：如果企業要維持親密關係，員工人數勢必會受到限制。至於人數到底是多少，則要看企業的特性、經理人的想像力與管理技巧，加上領導者的個人特質，不同企業能容忍的人數上限也不一樣。

在我所採訪的企業當中，最刻意限制公司人數規模的，要算是安可啤酒公司。老闆梅泰設法讓公司的員工人數保持在最低狀態，過去二十年來，多數時候全公司的全職員工人數都維持在五十位左右，再加上五至十位兼職員工。他從未想要雇用更多員工，「我總覺得，所有人都是主管，沒有任何人是部屬，這樣比較有趣，也比較有成就感，」在《哈佛商業評論》的專訪中他說道：「我只想雇用一小群人，每個人都知道自己的責任範圍有多大，沒有誰監督誰的問題，也不需要打卡上下班。」

這是他在愛荷華州紐頓市成長時學習到的管理哲學。「我父親就是如此教育我們，我們相信你，我們信任你，如果你搞砸了，就直接告訴我，不用害怕。我們不是鼓勵你搞砸，但萬一你真的搞砸了，我們會跟你一起解決。我非常喜歡一小群人在一起工作的感覺，我就是不喜歡大企業的管理方式。」

年輕時，他曾經在暑假到紐頓市的梅泰洗衣機工廠打工。這家工廠有三千名員工，多數參加工會。對於自己身為梅泰家族的一分子，他內心曾經很掙扎。「後來我想通了，既然注定生在一個知名家族，那就接受吧，」他說：「洗衣機的發明讓女性可以不用再辛苦地用手洗衣，之後經過我曾祖父做了許多改良，後來在我父親的經營之下，公司的產品品質與可靠度受到了肯定，我感到非常驕傲。」

然而，在工廠裡的經驗也讓他看到了大公司的問題。「我明白了，公司不是越大越好，」他說：「我真的很驚訝，有這麼多成年人不喜歡工作，所以當我買下安可啤酒公司，我希望這裡是一個人們想要來工作的地方。我試著創造一個可以讓人們享受工作的環境，也就是一個大家相互合作、沒有敵意的環境。」

他相信，員工人數越少，越能夠創造這樣的環境。初期公司只有四位全職員工，所有人都要幫忙裝瓶，有時候還需要多找幾個人幫忙。在裝瓶時梅泰會把門關上，在門口掛上「休息中」的牌子，好讓所有人都去裝瓶線上工作。後來隨著安可啤酒需求成長，他開始購買設備，除了提升產能，更可以將額外人力的需求降至最低。因為梅泰認為，人力太多會影響品質。

我寧可產量少，也不要員工輪班加班

基於同樣的原因，他不要員工輪班，一星期只工作五天，同時根據這個原則設計釀造流程。「我很確定，員工人數太多會直接影響到品質，」他告訴《哈佛商業評論》說：「你永遠不可能走進公司，看著自己平常用的工具說：『天啊，看看夜班的人幹的好事！你看，這些可惡的傢伙打翻了某樣東西。』在我們公司，每一瓶啤酒都是我們一起製造的，所有在這裡工作的人回家都可以說『這是我製造的啤酒』。當他們到某家餐廳看到安可啤酒，也因為知道是他們製造的而感到自豪。我認為，這種自豪可以回過頭來提升品質。提升品質這件事，你必須每分每秒都在做，而不是等到以後。人數越少，對品質的要求通常會更高。他們有熱情，這是一種在啤酒品質與釀造技術上取得領先的精神。」

維持小規模團隊，也讓梅泰不會面臨管理上的混亂。你不需要解雇不適任的新進員工，他們會自行離開。在一個小團體裡，如果得不到同儕支持，很難繼續待下去。相反地，能夠融入公司文化的人，會受到團隊的喜愛，自然有機會承擔更多責任，梅泰無需費心。

小規模的團隊還可以一起做許多事情，例如一起參加派對與旅遊。每年秋天，梅泰會帶著一群員工到位於北加州、靠近奧勒岡邊界的私人家族農場，每年出產的「聖誕麥芽酒」所使用的大麥便出自於此。他們學開打穀機，參觀將大麥製成麥芽的廠房。「如果你生產輪胎，就得到馬來西亞看橡膠樹，」他說。因此他每年還會和員工一起去歐洲待幾個星期，參觀當地的小釀酒廠，讓員工們參加釀酒課程。這些活動，有助強化員工的專業能力以及彼此之間的友誼，也讓他們更加了解品質不佳、尚可、與上等的啤酒之間有什麼不同。「當他們裝瓶時，如果啤酒泡沫不太正常，他們就會說，『哇，我才不要像那些歐洲啤酒，也太遜了。』」

關係緊密的小團體，成員之間長時間相處在一起，就像是一個大家庭，安可啤酒的員工正是如此。「我感到驕傲，」梅泰告訴《哈佛商業評論》說：「也喜歡這樣的氣氛，只是我不希望自己被當成這個家庭的爸爸。」他承認，看到員工之間的關係緊密，他非常高興。「有些人一起合作小生意，有些員工一起投資或是做一些小型專案，我覺得這樣很好。」

如果公司規模再大一點，他還會有一樣的感覺嗎？「如果人變多了，氣氛就會變得不一樣，」他說：「我不知道多少人才算太多……我聽說有些公司員工高達兩千位，老闆照樣能認得每位員工。不過我不太會記名字，五十人是我的能力極限。」

也許有一天，你將帶領一個千人大家庭

毫無疑問，一家公司能否做到我們所說的親密度，得看領導人與員工之間的關係而定。面對那些依靠你生活的人，如果你不直接和他們接觸、不知道他們是誰、不知道他們做什麼，那麼他們絕對不會像那些在關係緊密的組織中工作的員工一樣，對公司產生強烈的情感依附。在關係緊密的組織中，所有人相處在一起，共同經歷重要的事件，知道彼此的生活發生了什麼事。當然，也有許多優秀的企業，雖然員工與執行長距離遙遠，但照樣對公司有相當高的忠誠度，只是這種忠誠度與蜜雪兒‧霍華德對艾科公司、及費里茲‧梅泰對於安可啤酒公司員工的感受，非常不一樣。

所以我們應該要問，到底一家公司多少人才算太多，多到組織內的成員無法彼此認識？在我們的樣本中，歐希泰納明顯是在最高上限，如今他們有將近一千七百名員工。雖然對於目前人數規模是否已經太多，員工已經無法感受到自己是大家庭的一分子，公司內部的意見不一，但大家都同意一點：泰納成功創造了大家都喜歡的工作環境。

就如同多數的企業，歐希泰納剛成立時規模很小，公司就在泰納母親位在鹽湖城住家的地下室。時間是一九二七年，當時泰納年僅二十三歲，仍就讀於猶他大學。創業前，他每天天未亮就到有錢人家點暖爐，藉此賺取學費，他的勤奮後來引起一位開珠寶店顧客的關注，於是把泰納挖角去當店員。在店裡工作時，泰納想到了創業的點子：銷售高品質的戒指與別針給高中畢業生。

泰納所做的決定，多半帶有理想主義的色彩。他認為，高中畢業生除了畢業證書之外，應該擁有某樣東西，來紀念這個生命中重要的里程碑。他在北猶他州向學生推銷產品時，用的就是這個理由。學生的反應非常好，讓他相信這個想法沒錯。不過，他不滿意當時廠商提供的別針與戒指品質，於是他決定自己製造。就這樣，他一邊創業，一邊繼續完成學業。一九二九年取得猶他大學文學士學位，一九三六年取得猶他大學法學士學位，一九三七年取得史丹福大學文學碩士學位，一九三九至一九四四年在史丹福大學擔任宗教研究講師，一九四五年成為猶他大學哲學系教授。他當時結了婚，生了六個小孩，而且完成了生平十一本著作中的五本——這一切，都是在他一手打造公司期間完成的。

一九四〇年代初，泰納決定把生意擴展至企業市場。他認為，企業也許願意購買他的戒指與別針，送給資深員工作為紀念。果然，推出之後反應很好，也成了他重要的生意來源。

然而，有趣的是，很多客戶不把他的公司視為服務業（他自己也不這麼認為），而是把他們視為一家高級珠寶製造商。一九六〇年代，這樣的市場定位非常恰當，因為企業越來越需要貴重的禮品送給值得獎勵的員工，因此公司的營業額從一九六〇年的二百七十萬美元，增加到一九八〇年的八千六百四十萬美元，員工人數從原來的數百人增加到一千人以上。接下來的十年，泰納將產品線擴展至其他高級配件，包括鐘錶、筆、手鐲等等，同時大幅改善服務品質，他設計了一套軟體，可以從電腦中查出某位大型企業客戶的資料，根據顧客的設定，知道何時需要頒發什麼樣的獎項。泰納甚至成立了自己的宣傳品事業單位，自行印製獎項的文字資料，這個事業單位的營業額後來也高達二千萬美元。經歷一九八〇年代中期短暫的停滯之後，公司的營業額又再度攀升，每年以八%至一〇%的幅度成長，一九九三年達到二億一千四百一十萬美元。

然而，隨著時間的演進，泰納越來越想要打造自己的「歷史定位」。一九七四年，他卸下執行長職務，由業務副總裁唐・歐斯特勒（Don Ostler）接任，他自己則擔任董事長。雖然當時已高齡七十，仍精力旺盛，希望投注更多心力在公共服務、慈善活動、獎學金，以及保障員工未來等活動上。在某些圈子，人們尊稱他為「聯合國先生」，因為他在國內或國外都非常支持聯合國。他也在許多委員會擔任領導角色，包括白宮兒童與青少年會議、紀念美國建國兩百週年全國委員會、猶他州交響樂委員會，以及負責興建鹽湖城內幾個重要文化中心的委員會。

在慈善團體中，他也建立了自己的名聲。泰納和他太太葛莉絲捐錢成立著名的泰納人性價值講座，每年在全國頂尖大學校園裡巡迴舉辦。他們也捐錢興建劇場、博物館，以及音樂廳；他們也捐贈超過四十座噴水池給社區，並在全國大專院校興建哲學圖書室。

在學術界方面，泰納仍持續宗教與哲學的研究。他從一九四五年開始擔任哲學系教授，直到一九七二年退休為止，並在一九六七年取得法學博士。至於他的學術成就，一九九〇年獲得總統老布希（George H. W. Bush）頒發國家藝術獎章。他也是英國人文社會科學院（British Academy）榮譽院士，以及猶他州第一屆人文獎得主，外加多所學院與大學頒發的榮譽學位。

雖然泰納的名氣響亮，比較多是因為他在企業外的貢獻，但我們不可忽略他在企業內的努力。資深員工都知道，他習慣在大廳閒逛，停下來和員工聊聊他們的家庭、嗜好、期望等話題。在鹽湖城廠房牆壁的牌子上，寫著他說過的話：「我衷心希望你們每一位都美滿幸福。」另一個牌子則寫著：「我常想，歐希泰納公司的宗旨，是在自由企業精神的輪軸上，滴上潤滑油。」

一九九〇年初，將近一千七百名員工在鹽湖城的總公司工作，另一個工廠在加拿大，此外在北美其他地區也有辦公室。據說泰納記得所有人的名字，他對公司的期望是，不論在哪裡設廠，都要成為員工心目中的好企業。他曾經親自訓練凱伊．喬傑森（Kaye Jorgensen），她原本擔任人事專員，後來成為人力資源副總裁，她心中時時刻刻記得泰納的目標。因此，公司的人力管理總是走在最前端，包括彈性上班、工作共享、職業健康服務、知名的員工獎勵計畫，並定期進行員工態度調查，確保「工作時是當天最快樂的時候」，喬傑森說。早在企業獎酬制度流行「變動薪資」之前，歐希泰納就開始發放品質獎金、效率獎金以及運送獎金給工廠員工。感恩節時，泰納會自掏腰包，發給每位員工一百美元，員工生日時還可再得到一百美元。此外，每年有兩次分紅。聖誕節時，公司發出去的獎金超過一百萬美元。總計下來，每位員工除了固定薪資外，每年還可額外領到二千美元，高於當時的市場行情。

不過，泰納送給員工最大的禮物，是他死後為公司留下的準備金。他將自己所持有的六五%股票（另外三五%由他的侄子和侄子的家人所有），設立一個所謂的「百年信託基金」，並明訂條款，規定公司不得出售、合併與公開上市。泰納之所以訂下這項條款，目的就是保障公司的員工，希望在這筆信託有效期間，讓大家的工作不會受到影響（根據法律規定，信託財產的有效年限可一直到泰納死去當時仍在世的子孫過世之日，再外加二十一年的時間）。

基於這個原因，員工非常感激泰納，覺得泰納很挺他們。多數員工都感受到自己與公司、與泰納之間，存在著一種緊密關係，這就是小巨人的特色。一九九三年十月，泰納逝世於鹽湖城，總公司員工聽到消息時非常震驚。「大家都哭了，」插畫家蕭納．拉索（Shauna Raso）回憶說，他曾在歐希泰納工作十五年。「他實至名歸，他如此厚待員工，大家都喜歡牆上他曾說過的那幾句話，他常說『這裡的每一個人，我都有責任』，他會坐在某位員工旁邊，了解她的家庭，我不認為這是做做樣子而已，而是很貼心的互動。」

不過，他與員工之間建立的關係如此緊密，反而成了繼任者的極大挑戰，我們會在第九章詳細討論。不過，至少泰納證明了儘管不容易，這種親密關係是可能存在的，任何一位領導人都可以和他或她所有的員工，建立直接的一對一關係，即使超過一千人也能做到。

打從面試起，就要清楚知道你想找什麼樣的人

當然，光靠人數少，還不足以創造我們在所有小巨人企業中看到的向心力，否則照理說所有小

企業的員工都會有高度向心力，但並沒有。所以，該怎麼做才能創造一種環境，讓員工覺得與公司緊密連結，願意盡一切努力達成公司的期望，成為特定領域的頂尖企業，並引以為傲？

首先，你必須把基本的事情做對。你必須找到對的人進公司，正如同吉姆．柯林斯（Jim Collins）在《從A到A⁺》書中所說的，如何選人是最重要的。雖然他書中提到的都是大型公開上市公司，但這項原則同樣適用於中小型企業。如果你希望擁有一家「關心他人」的企業，就必須雇用「關心他人」的人才，而且能夠激勵他們的不只有金錢而已。並不是說金錢不好，我們工作都是為了得到好的報酬，但如果金錢是這個人工作的唯一理由，那麼他應該去其他的公司上班。

因此，蓋瑞．艾瑞克森在拒絕以一億二千萬美元的價格出售克里夫能量棒之後，馬上找來公司幾位重要員工開會。「我告訴他們，我們只有五年的時間繼續保持獨立經營狀態，我希望維持這樣的狀態，我們擁有如此了不起的成就，不該現在就放棄。大家跟著我走，我們一起想辦法。後來我讀了《從A到A⁺》這本書，書中所寫的正是我在做的：選擇對的人進你的公司。」

除了找到對的人，你必須讓公司保持在良好狀態。這話看似理所當然，但你會驚訝的發現，許多公司儘管有好目標，卻因為內部溝通不良，或是部門協調不佳，或是沒有確實追蹤決策後的執行過程，或是其他基本的管理問題，即使有再好的想法或計畫，照樣走向失敗。有些企業在創業初期的確有獨特魔咒，後來卻喪失了這項寶貴資產，部分原因就在於他們不重視基本工作。

這並不是說，書中的企業沒有管理上的問題，而是他們有自己的機制、有能力去發現並解決問題。「其他企業有的問題我們也有，」艾里．溫斯威格在談到辛格曼商業社群時說：「我們只是希望可以採取比多數企業，更有建設性的方式來解決問題。我想，也就是要多些樂趣，彼此給予更多的支持。也許其他企業的做法和我們不同，很多時候人們看到像我們這樣的企業就會說：『喔，他們的企業文化就是這樣。』但這種說法並不正確，因為你必須先建立正確的價值導向系統與流程，才能支持與創造你想追求的文化。」

在建立流程這件事情上，辛格曼做得比很多企業、甚至比書中其他小巨人都還要徹底。他們設計了一套方法，建立營運管理以及發現問題、立即處理的流程。這要歸功於一九九四年推出的計畫，當時他們剛成立自己的訓練單位，名為辛格曼訓練公司，業務實際上來自於公司外部，主要是那些景仰辛格曼文化的專業零售店，協助他們解決自己的管理問題。「我們不僅要找出某個人做什麼事情、如何修正，更要告訴他們，我們是怎麼做的。」辛格曼訓練公司共同創辦人以及原始管理合夥人瑪姬．貝里斯（Maggie Bayless）說。

教育訓練很重要，不妨考慮成立你自己的……學校

事後證明，教育訓練是非常理想的方法。辛格曼訓練公司通常在開始教學之前，先發展一種語言，用來解釋公司已經在做的事情。同時，溫斯威格、薩吉諾，以及其他負責多數教學工作的經

理，都設法讓他們的管理制度經過更縝密的思考、更有系統。他們需要「設計完整、適當的、價值導向的系統與流程」，他們除了經營企業、強化企業文化，也要告訴其他人如何做。

一開始，辛格曼訓練公司將管理實務歸納成簡單易懂、容易傳授的觀念與原則。「我們整理出優良服務三步驟，」溫斯威格說：「然後從這個基本概念出發繼續發展。」他們新發展出的規則與工具包括：處理顧客抱怨五步驟、訂單準確四步驟、健全財務三步驟、有效解決差異四步驟、財務改善五步驟等等。

你可能會問，怎麼都是強調多少個步驟？但當你更深入的去看，就會明白每個步驟都包含了珍貴的管理智慧，提供完整架構作為進一步地討論。想要提供好服務，你必須「一、找出顧客要的是什麼；二、給予顧客他們所要的——精確地、有禮貌地、熱誠地；三、再多做一些」。此外，很重要的一點，員工必須熟悉這些原則。溫斯威格說：「我們不能等到所有人都了解什麼是好的服務，我們需要讓所有人可以立即使用的指導原則。」

溫斯威格是一位財經書重度讀者，也是一位多產作家，他詳細寫下了辛格曼的管理概念，像是「管家精神」（stewardship）以及「創業家管理」。然後再與辛格曼訓練的人員將這些概念簡化成一系列的步驟、重點、定義以及協定，將這些抽象的概念轉變成管理工具。「我們要的是簡化，」他說：「我們希望所有概念都能變成任何人都能了解及使用的東西。」

辛格曼訓練公司累積了大量資料，定期舉辦的課程也常常大爆滿。這些課程幫助員工認識商業環境，當他們在烤麵包、銷售義式雪糕、或是烘焙咖啡豆時，也會研究商業與管理，以及食物的歷史與社會意義，這些都是訓練計畫的一部分。長期下來，公司彷彿成了一所學校，員工都稱之為「辛格曼大學」。

「這些步驟確實有效，」任職辛格曼麵包屋（Zingerman's Bakehouse）的艾美・安柏林（Amy Emberling）說：「讓我們有了可以相互討論的共通語言，在不同事業體的員工有了相同的字彙，公司文化也更一致。」

沒有標準答案，但務必牢記這三件事……

這些小巨人擁有不同的經營哲學與方法，而且有些看來似乎彼此相互牴觸，但有意思的是：全都行得通。

舉例來說，巴特勒建築公司的比爾・巴特勒，就非常自豪公司裡的每位員工彼此之間的親屬關係。「我們公司整體就是一個家庭，由一個家族所擁有，運作方式也像一個家庭，」他說：「我們有一百二十五名員工，如果把全部有親戚關係的人都解雇，可能就只剩下五十人。我們有一群同事來自同一個家庭，從爸爸、兒子、兄弟到表兄弟，都在我們公司上班。我們鼓勵任用親戚，公司裡有姊妹檔、叔伯檔、姑母舅母檔、姻親檔等等。這就是我們，完全是一個家庭企業。」

但是，城市倉儲則完全相反。諾姆·布羅斯基嚴格規定不准雇用同一個家庭的成員。「一般來說我不喜歡規則，所以我只訂出三點，」他說：「不能吸毒，不能在建築物十五英尺範圍內吸菸，不能任用親戚或任何一位員工的朋友。有人不同意這樣的做法，但我有過幾次非常不愉快的經驗，所以才會訂出這個規則。當同一個家庭的兩位成員都在公司上班，通常當其中一個人出問題，另一個人也很難留下，這讓我非常不舒服。」

儘管每家公司的想法不同，但我認為要創造親密的文化與魔咒，有三件事是必須重視的：

第一，訂出高層次目標，依此目標經營公司，並將此目標融入企業文化中。這個目標可以是做生意的觀念、可以是做生意的方法、也可以是做生意的優點，或者三者的結合。不論這個目標的架構為何，功能是一樣的：賦予大家工作意義，提醒員工們：你的貢獻有多重要。

當然，光靠一套宣言還不夠，很多公司都有宣言，宣揚他們的高層次目標，但未必有用。這個高層目標必須融入企業組織的深度，必須持續出現，成為公司日常活動的一部分，如此一來員工們才不會視而不見，更不會遺忘。例如丹尼·梅爾的「有感款待」，就是他的高層目標；艾科與瑞爾公司的高層目標，則是提升員工生活品質，因此他們讓員工認股、與員工分享財務資訊。對辛格曼來說，高層目標則是「提供顧客美味食物，讓他們與製作食物的人建立連結，豐富顧客的生活」。安可公司的員工每次進行戶外教學時，也是在學習公司的高層目標：精通啤酒釀造的藝術，成為全球最頂尖的釀酒廠。

當這些企業為社區貢獻心力、為了某個目標出力、贊助慈善活動、拯救某個社區、保護環境等等行動，他們其實已不需要解釋自己的高層目標是什麼。每個人都看得很清楚：擁有一家偉大的企業，是讓這世界變得更美好的方法之一。

其次，是創造親密的文化，以出乎意料的方式讓員工們明白，公司有多在乎他們。「出乎意料之外」，是這裡的關鍵。如今企業都已明白，取代一位員工的成本有多昂貴，留住好人才有多重要，因此他們設計了各種方法——例如績效獎金、特殊福利、彈性工時、肯定獎章、派對、升遷等等——讓員工感覺自己被需要、被欣賞。但書中企業有一點不同：他們不厭其煩地確保這項訊息傳遞到公司的各個角落，他們所採取的是別家企業從未想過的方法。

例如諾姆．布羅斯基採取的是「讓人大吃一驚」策略。一旦有機會獎勵員工，他一定會讓對方看到獎勵時驚訝得說不出話來，也就是在他們沒有期待時做出他們沒有期待的事情。舉個小小的例子：曾有一次布羅斯基得知某位新主管的助理在兼差，這位名為佩蒂．萊特福（Patty Lightfoot）的員工在下班後幫人們清理房子，一星期七十五美元，希望存到足夠的錢再回到學校讀書。雖然她擔任這位主管的助理僅有三個月的時間，但是辦公室裡的每個人對她的可靠、機智及聰慧留下深刻印象。通常公司會在員工接任新職務滿六個月之後調薪，布羅斯基認為機會來了。「當時她接新職才滿三個月，我告訴她的主管，再等三個月給她加薪也可以，但如果現在就給她加薪，她這輩子一定不會忘記。」他說。

第二天，布羅斯基把佩蒂叫到辦公室。「我知道你晚上還有第二份工作。」他開門見山說。

「是……是的。」她有點嚇到。

「恐怕公司不允許這樣的情況，」他說：「我們希望你早上進公司時，感覺很有精神，經過充分的休息。」她心想這下完蛋了，沒想到，布羅斯基接著說：「我知道另一個工作每星期付給妳七十五美元，所以我們決定就給你加薪七十五美元，這樣你的收入就不會有損失了。」

「啊，真是太謝謝你了！」她說。

「還有，」他補充：「你應該知道公司有一項規定，工作滿一年的員工如果要回學校進修，只要成績平均在B以上，公司就會付學費。」布羅斯基說，佩蒂離開他的辦公室時臉上堆滿笑容，她知道公司真的在乎她。

梅泰在安可啤酒的做法有些不同，但目的倒是一樣。因為在連續幾年頒發獎金之後，梅泰發現：獎金已經變質，員工收到獎金後，沒有把它看成是珍貴的獎勵，反而當成正常薪資的一部分，他們無法體會公司對於他們的貢獻有多麼感激。

所以他決定：廢除定期獎金。在一次全公司的會議中，他向員工解釋原因，當他確定所有人都理解他的解釋之後，當場發給獎金，然後隔了很長一段時間，才發給另一筆獎金。「這是一個遊戲，」他告訴《哈佛商業評論》：「我的結論是，最好的方法是提供合理且優渥的薪資，然後透過其他福利，像是大麥收割之旅、歐洲考察、訓練課程、餐會、球賽、或是你要搬家時可以在週末向公司借用卡車等等。另外還有很多福利雖然沒有明文規定，但員工絕對可以享有，例如你婆婆或岳母意外來訪，想請假陪伴她們？沒問題。或是當你生病了，公司也沒有明文規定你可以請幾天假。」

比爾．巴特勒的方法又不同，他是後來才體悟自己對員工的責任，而一旦對員工有責任，他便會想認識他們。因此當他發現公司規模太大、人數太多會讓他無法跟員工打成一片，他立刻踩了煞車。一九八九年，公司擁有一百二十九位員工，十六年後還是只有一百二十五位員工。「我們維持小規模的原因是，我希望每個人彼此認識，」他說：「如果彼此不認識，就表示公司規模太大了。」

當你和巴特勒一起在公司走一圈，他可以說出每位員工的故事——

「這位是米格，墨西哥移民，在這裡工作十八年了，就是他教會我如何進行乾牆施工法。他每個孩子的受洗典禮我都有參加，如今他是乾牆施工的監工，剛買了一台科爾維特（Corvette）跑車，年薪將近六位數，外加福利津貼，還買了一棟房子。他的女兒以優異的成績畢業於聖塔克拉拉大學，正在申請醫學研究所，他就是美國夢的見證者。

「這位是接待員潔米，她是公司內的幾位單親媽媽之一，兩年前我們公司因為住宿問題沒處理好，讓許多單親媽媽和兩個小孩擠在一個房間，外加通勤距離太遠，最後這些單親媽媽就離職了。後來我在鎮上買了一棟公寓，兩房兩衛外加一座游泳池，距離辦公室只有六個街區的路途。公司會補助房租，如果小孩生病了，可以帶來和媽媽一起上班。潔米有個兒子是過動兒，常跟著她一起上班，做一些零工。這樣的福利沒有任何金錢價值，但卻可以讓她們不必請假陪伴孩子，也不用擔心孩子安全。

「這位是財務長吉娜。她是我們領導團隊中唯一有大學文憑的人，她取得了文學副學士、理學士、文學碩士的學位，剛開始擔任檔案管理專員，同時負責接電話，現在她是財務部副總裁。她的大學學費也是公司支付的，我的身邊必須有比我更聰明的人，她就是其中一位。

「這位是公司的總裁法蘭克，他原本是一位工人，許多曾是他頂頭上司的人現在都成了他的屬下。他也是我的不動產共同指定執行人，我從沒有給他打績效評估，他也從不要求加薪，但是現在他什麼都有了。我曾告訴他，他四十歲時將會成為百萬富翁，他果然辦到了。

「這位是奧迦。她曾在我們支援的一家工作訓練機構工作，後來到我們這裡應徵接待員，但她的英文不夠好，無法勝任，所以轉調為檔案管理專員。現在她是公司內頂尖的專案助理之一，負責處理幾項重大專案。

「在我們公司你可以看到許多類似的案例，許多人獲得升遷或橫向調動，」他說：「我們有大筆的訓練預算，我們稱之為巴特勒大學。我們有一套線上學習系統，有一百二十五名員工，一百二十五台膝上型電腦，每個人都可以擁有任何他們需要的工具。一百二十五名員工當中，有五十人不是美國人，來自墨西哥、西班牙、印度、俄羅斯……什麼國家的人都有。我們有位員工是葡萄牙人，不會說英語，我們教他英文讀寫，他原本在建築維護部門，後來轉調至客服部門。至於奧迦，我們將她原來的缺點轉化為優勢，當公司內部說西班牙語的員工遇到人資問題，她就會負責翻譯。她在這裡工作了十一年，有了自己的房子，開著一台全新的休旅車，是另一個美國夢的見證者。」

他並沒有告訴我，員工們是否知道公司有多在乎他們，因為已經不需要說了。

第三，是建立同事情誼。乍看之下，你可能覺得這哪是公司可以控制的。可以的，因為我指的是：員工感受到相互信任與尊敬，享受彼此在一起的時光，願意共同解決發生的衝突，對於自己所做的一切共同感到驕傲，共同承諾要把事情做好。如果你有朋友在這些小巨人公司上班，你就能明顯感受到這些特質，你的第一個反應可能是「這些公司好幸福，有這麼好的員工」。但是當你深入了解，就明白這種同事情誼的培養，公司其實扮演了關鍵角色。

以ＬＦＳ巡迴表演公司（LFS Touring，是little folk singer的縮寫，意思是小民謠歌手）的員工為例，這是搖滾寶貝的子公司，負責安排安妮・第凡可的巡迴演出行程，她通常一年會安排八十到一百二十場的演唱會。除非有樂團同行，否則巡迴演出的人數通常只有十人，包括巡迴表演經理、燈光設計師、音響工程師、製作經理、音控工程師、舞台經理、商品人員、吉他技術師以及錄音工程師。他們一年當中有六個月要相處在一起，每次要花二到四個星期坐著公車從一個城市到另一個城市。多數人和第凡可一起巡迴演出已經有七年時間，有人甚至長達十年。這是非常特別的，美國多數巡迴表演公司的員工通常只會一起工作一、兩年。

ＬＦＳ形容他們自己就是一個家庭。「不是『像』一個家庭，根本就『是』一個家庭。」巡迴表演經理蘇珊・艾茲拿（Susan Alzner）說。當然，她的意思是他們彼此之間非常非常親密，但與家人的關係不同。正如同傑・戈茲所說，沒有任何企業真的像一個家庭，也不可能成為一個家庭。「家庭是無條件的愛，」他說：「企業是有條件的愛。」在擁有家庭感覺的企業裡，如果員工做得不夠好，就無法取得同儕的尊敬與信任，就無法擁有這種有條件的愛。

但這與艾茲拿要說的重點並不牴觸：LFS的員工彼此之間，存有深厚的愛與忠誠，有時候甚至比家人還要親。「這裡的每個人在業界有一定的名聲，都是各自領域的佼佼者，但不會膨脹自己，我的工作因此輕鬆不少，」艾茲拿說：「這是一個非常容易自我感覺良好的產業，但是我們相互支持，分享想法、思考、與觀察，你很難想像我們多麼與眾不同。」

「我們的氣氛真的很少見，」舞台經理兼音控工程師席恩・吉布林（Sean Giblin）說，他曾與藍調遊客（Blues Traveler）、甜蜜射線（Sugar Ray）、瓊安・奧斯朋（Joan Osborne）等樂團或歌手一起巡迴表演。「通常在巡迴表演路途中，總是有人會搞破壞團體合作的事，但就算沒有這種人，要維持和諧也很困難。但是我們相反，在巡迴表演時，大家就像住在一艘潛水艇上，一天二十四小時都在一起，我們就連休假時也會一起去博物館、一起吃飯，這種情況通常不會發生在別的巡迴表演的團隊身上。」

為什麼他們相處如此融洽？「因為安妮沒有祕密行程，」製作經理史帝夫・席瑞姆（Steve Schrems）說。我採訪時，他已經在公司工作八年。「我們喜歡一起做我們喜歡的事：製作好音樂。對於所有合作的夥伴，安妮都很重視。」

值得一提的是，ＬＦＳ的運作模式也跟別的巡迴表演公司不同。首先，每個人都領薪水，在業界從未有人這麼做。不僅如此，ＬＦＳ為所有人都提供健保（這在業界同樣少見）以及退休金。「許多同業非常嫉妒我，」燈光設計師菲爾．卡拉茲（Phil Karatz）說，他曾擔任巴布．狄倫的工作人員長達三年半，一九九八年加入了ＬＦＳ之後就沒離開過。「我在明尼蘇達擁有一棟房子，之前我必須不斷參加不同的巡迴表演，才能有穩定的收入來源，能夠領薪水，幫了我一個大忙。」

最早讓搖滾寶貝注意薪水問題的，是資深製作經理席瑞姆。當時他已經結婚五年，有個女兒，為了讓收入更穩定，他向費雪提議，希望能每星期固定付他薪水，而不是當時業界採行的有巡迴表演才付錢的方式。費雪不但同意，而且還讓全體人員適用。有些人一開始不領情，但不久之後紛紛改變心意，跟著領薪水，如此一來生活更穩定，ＬＦＳ也因此創造了鼓勵同事情誼的工作環境，不僅在業界打開知名度，更吸引了許多優秀人才。「他們每個人都願意為安妮擋子彈。」費雪說。

這正是擁有魔咒企業的另一項特色：他們的領導人都意識到自己在企業內部創造了另一個小社會。對這些小巨人來說，文化很重要，但重要的不只是文化。「在我看來，文化就像一種不成文的憲法，」梅泰說：「羅馬沒有憲法，只對於人們該有的正確行為有共識，當共識消失，羅馬帝國也隨之瓦解。」因此書中所寫的這些企業領導者，都會投注大量時間與精力，設計有助於創造文化與建立社群的系統與流程。

而在打造這一切的同時，他們心裡也都很清楚，自己希望把公司打造成一個什麼樣的社會。**他們希望在這個世界的某個角落上，提供一種更美好的生活方式。他們希望自己的企業，是一個讓人們找到美滿人生的地方。而打造這個地方，也成了他們的人生目標。**

他們能追求這樣的目標，正是因為他們有所選擇，選擇了一種讓他們可以自由地實驗、嘗試組織與經營事業方法的路。正如我們即將看到的，享有自由的企業，真的很有創意。

| 第6章 |

每一家公司，都是一座「高特峽谷」

你要如何帶人、帶心？公司該有什麼樣的特色與文化？

二〇〇二年秋季，《瑞爾故事》（*Reell Stories*）發行創刊號，其中有篇文章特別引人注目，因為通常你不會在企業刊物中看到這樣的文章。

這篇文章標題為「良知」（A Matter of Conscience），描述一位名叫喬．阿諾（Joe Arnold）的員工在負責一項專案時內心遭受的煎熬。

事情是這樣的：有一家客戶請瑞爾精準生產公司，為他們在零售店所使用的展示盒設計一種特殊軸承，這個軸承平常支撐著盒蓋，只要輕輕碰觸一下，蓋子就會緩緩落下。身為工程師的阿諾，認為這項專案很有趣，立即開始畫草圖。之後他才知道，這位客戶的真實身分：一家菸商。

很明顯，這個展示盒是用來賣香菸的。一想到自己在幫忙推銷可能致命的產品，阿諾心裡非常不安。但對於自己已經想出來的幾種不同軸承設計概念不但符合客戶需求，價格也合理，他又很開心。到底該不該繼續進行這個案子？他陷入了兩難。

有一天，他與一位同事聊起心裡的掙扎，當天晚上也問了太太的想法。太太告訴他：「生意的事我不懂，但如果是我，絕對不會接這個案子。」阿諾完全同意太太的話，他們有六個小孩，如果這個展示盒用來賣香菸給自己小孩，他做何感想？

他決定，應該和負責這位客戶的銷售人員瓊恩．史多姆（Jon Strom）談談這個問題。

不出所料，史多姆和業務部同事正承受著極大壓力。那一年景氣衰退，公司業績大幅下滑。為了避免裁員，所有的主管減薪一二%至一六%，除了薪資最低的員工之外，其餘員工全部減薪七%。整家公司都寄望銷售人員搶進新訂單，好讓業績回升。而這個案子，正是公司非常需要的一筆生意。

史多姆認為，阿諾想太多了。客戶是一家設計公司，不是菸商，而且這盒子將來除了用來賣香菸，還有其他用途，例如展示洋芋片或糖果。「如果用來賣零食，你會不安嗎？」史多姆問。

話雖如此，阿諾還是不安。不管怎麼說，他的作品就是會用來賣香菸——這種可能致人於死、讓人上癮的東西。他們和事業開發部門的其他同事一起討論，仍無法達成共識，於是跑去向瑞爾的共同執行長鮑伯．卡爾森求助，卡爾森仔細聽完雙方後說：「我很想看看，你們最後會達成什麼結論。」

最後，這件事交由事業開發部門的三位高階主管做決定。這三位高階主管問阿諾，如果公司不放棄這個案子，他是否會辭職？不會，阿諾說，如果案子對公司非常重要，他還是會繼續完成。「只不過，平常我會去學校演講，把產品帶給孩子們看，告訴孩子我在做什麼，」他說：「但如果今年做的是這件產品，我想我不會拿出來給他們看。」聽了兩方陳述，三位高階主管最後決定：放棄這個案子。

這個決定，確實讓公司裡有些人不高興。贏得支持的阿諾很低調，但私底下還是糗了史多姆一番。「別太過分喔，」史多姆說：「這一點也不好笑。」話雖如此，跑業務的人總是能及時克服不愉快的情緒，雖然他不贊成結果，但他認為決策過程是公平的。「我沒有任何埋怨，雖然研發部門和我們的立場不同，但大家都想解決問題，也把問題提交給更高層級，」她說：「他們聽見了我的想法，也聽了喬的想法，基本上，這樣就夠了。」

你也許會問，為何不把這個案子換人執行、交給心中沒罪惡感的工程師呢？但這個選項，他們從頭到尾都沒有考慮過。「我甚至不記得有任何人提議這種做法，」卡爾森說：「我們這裡不會這樣做。當然，如果有人主動說想接手這個盒子，我們也會考慮，但沒有人提議。」

無論如何，史多姆、阿諾及管理團隊都同意，這起事件的重點，完全無關軸承、業績或商業道德。真正的關鍵，是信任。史多姆和阿諾之間彼此是否有足夠的信任，能夠一起想出解決方法？他們是否對彼此有信心，相信大家都是為了公司最佳利益著想？管理團隊是否足夠信任他們，讓他們自己找出解決方法？

當然，一定有人對決策過程或結果有不同意見，例如史多姆主張應該繼續進行這案子，就很理直氣壯，特別是在公司急需業績的當下——難道可以因為一個人的不安，就不顧全體員工的生計嗎？不肯親自做決定的卡爾森與威克史多姆（Steve Wikstrom），到底是在授權，還是在逃避自己應負的責任？高階主管的工作，不就是應該要做出困難的決定嗎？還是說，這些人都不願面對棘手難題？

卡爾森與威克史多姆當然明白，自己擔負著什麼樣的責任。他們的任務，當然是處理棘手難題，以這個案例來說，最棘手的，是「信任」，信任員工會為了公司，做正確的決定，然後與員工們共同承擔結果。失去這筆生意，公司還承受得起，但摧毀了員工與公司之間的信任，公司麻煩就大了。比起口頭說說、口號喊喊，這個案例更能展現領導者對企業核心價值的堅持。

先把初衷想清楚，等公司開始燒錢就太晚了

有人說，每一個新事業的誕生，都意味著有一個人或一群人試圖用某種方式改變世界。然而，事實上很多創業者並沒想清楚這一點。只有極少數創業者，真的會去想像自己可以改變這個世界到什麼程度。

諾姆．布羅斯基常說，每位創業者的第一個挑戰，就是努力讓自己的創業點子，成為活得下去的事業。這需要花很長時間，有時甚至好幾年——除非你很快就把本錢燒光。如果創業者沒有在一

開始就想清楚自己公司十年後長什麼樣子、做什麼事情、給人們什麼樣的感覺，那麼創業後的他們根本就不可能一邊掙扎求生存、一邊花時間去想這些問題。假使他們夠幸運，有一天公司步上軌道了，也會遇到兩種情況：一種，是擴張的機會、管理的挑戰接踵而來，造成他們同樣沒時間想太多；另一種情況是，他們過度專注於經營策略以及戰術，以至於忘了問自己最根本的問題：我希望打造什麼樣的企業與文化？

本書中的創業者、經營者與執行長之所以表現突出，部分原因是他們都深入思考過這些問題。他們的想法不同、管理哲學不同、企業文化以及運作方式也不同，但都讓我們看見：股權集中在少數人手中的非上市公司，可以擁有各種不同樣貌。每一家企業就如同俄裔美國女作家艾茵・蘭德（Ayn Rand）的經典小說《阿特拉斯聳聳肩》（*Atlas Shrugged*）裡的「高特峽谷」（Galt's Gulch，小說中主角、工程師John Galt設計了一處隱密避難所，讓有創意的人避居於此，因此以他為名），這裡就像個避風港，聚集了對理想社會有著共同想像的人。

將想像發揮得最極致的，要算是瑞爾公司了。想了解這家公司，我們可以從一張圖與一些名詞開始。這張圖，就是瑞爾公司的組織架構圖——跟一般企業的金字塔型組織圖不同，瑞爾公司的組織是一個明顯的長方形，他們稱之為矩陣。位於矩陣中間的，他們稱為「工作夥伴」（coworkers），也就是我們一般所謂的員工。位於上層的，是負責不同部門的人，包括品質服務（其他公司通常稱為品管部門）、財務服務（也就是別的公司裡的會計部）、資訊服務（資訊科技）以及同仁服務（人力資源）。矩陣的左側，是負責兩大策略事業單位以及瑞爾歐洲分公司的人。矩陣圖上層與兩側之間，則是寫著兩位「共同執行長」（co-CEOs）各自負責的部門。

另外，「工作夥伴」還會組成所謂的「內部工作團隊」（internal working group）。「創造與建立一個讓員工可以自由成長、發揮潛力的工作環境，是企業的首要目的。」瑞爾公司的文件上寫著。

接下來是「顧問」（advisers），其實在別的公司他們會被稱為主管。顧問的主要角色，是「協助『受顧問者』在現有職位上有所成長」。至於比較高階的主管，在這裡被稱為「內閣」（cabinet），成員包括兩位共同執行長、策略事業單位負責人以及部門經理，這些人每星期都會開會討論策略與戰術。

此外還有所謂的「論壇」（forum），成員包括同事服務部門的副總裁，以及隨機挑選的七位「工作夥伴」，每個人代表公司內不同的地理區域，而且服務滿三年以上。這群人每個月開會兩次，討論「工作夥伴」相關議題，並監督公司在日常的活動中是否達到「方向宣言」（我們稍後會討論）所要求的標準。

然而，跟所有企業一樣，最終的管理權力還是集中在高階主管手中，兩位共同執行長必須對董事會負責。至於董事會成員，每年由股東（也就是參與員工認股計畫的人）、內閣成員、三位創辦人以及創辦人家族成員共同投票選出。股東，是擁有最大決策權力的人，這一點，和一般企業沒什麼不同，但實際上這家公司的架構是顛覆傳統的，也完全反映了公司創辦人的價值觀與信仰。

三位創辦人原本都是3M的員工，其中兩位——戴爾．麥瑞克和鮑伯．華舒特，先在一九六〇年代成立這家公司，原本取名為戴爾麥瑞克公司（Dale Merrick Company）。之所以創業，是因為他們看到了一個全新的利基市場。當時他們有一個客戶，專門為一些小公司生產包覆離合彈簧（wrap spring clutch，一種用來控制如影印機和輸送帶等機械移動的裝置）。麥瑞克和華舒特發現，其實3M、全錄（Xerox）等大公司也需要這種零件。但要跟這種大公司往來，量要大，價格要低，出貨時間也要更快。這是一塊尚無人觸及的大商機，他們想找這位客戶合夥，甚至想購併對方，可惜無功而返。

他們也評估過乾脆自己開工廠。一九七〇年初，他們從3M找來第三位夥伴：李．強森。但正巧當時經濟開始衰退，業務很差，他們三人一整個夏天都在做白日夢，想像著各種大商機。直到秋天，他們才訂出一套計畫，並確定新公司名稱——也許該說，其實只是確定了三個英文字母——RPM。他們認為，以字母為名很好記。不過，這三個字母分別代表什麼意思呢？要想出P和M不難，難的是R這個字母，後來強森在德國字典裡找到reell這個字，意思是「誠實、可靠或正直」，大家一致同意這個字足以代表他們理想中的企業形象。十月，瑞爾精準生產公司（Reell Precision Manufacturing，簡稱就是RPM）正式成立。

接下來幾年，這三位合夥人不僅成功地建立了包覆離合彈簧生產線，還打造了與眾不同的共同領導方式。三個人都同意，公司所有重大決策都必須三個人一致同意才行。事實上，這代表了他們必須花比別人長的時間才能做出決定，才有足夠時間徹底討論，並消化每個人的意見。如果經過這樣充分的討論之後仍無法做出決定，就必須重新定義問題，並持續溝通，直到達成他們所要求的「意見一致」。儘管三個人的頭銜不同（分別是董事長、總裁、以及營運長），但由於三個人都擁有否決權，因此等於三個人都是執行長。

在別的企業，這種領導方式很容易演變成災難，但在瑞爾公司卻運作得非常成功。事後看，他們三人共同所做出來的決策都是正確的，也為其他同事立下了好榜樣。「我也見過別的執行長，」一九八一年加入瑞爾的約翰・柯賽（John Kossett）說：「別的執行長總是要別人接受他們的想法，但這三人不同，他們不強迫推銷自己的想法，而是很誠懇地合作，建立相互尊重的關係。這種態度，也影響了我們與客戶、供貨商、同業之間的關係。」

「他們一路走來，始終如一，」喬・阿諾補充：「他們願意聽你講，真誠地在乎你，而且不輕易承諾。這一切我們都看在眼裡，並試著學習。」有些工作夥伴甚至自己組成團隊，用同樣的方法做決策。

如果要為你的公司制定一份宣言，你會怎麼寫？

不可否認，他們的成功部分原因歸於擁有共同的宗教信仰。除了研讀聖經之外，他們花很多時間聽各種與基督教有關的錄音帶，並深深受到影響。他們都有一個共同目標，就是：生產最高品質的產品。他們不但認為家庭責任高於事業責任，甚至用白紙黑字寫下這個理念：「做『對』的事，即使這件事被很多人反對、很麻煩、無利可圖。」這一切，都與他們的基督教信仰有密切關係。

公司遭遇第一次財務危機時，信仰扮演了非常重要的角色。時間回到一九七五年那場經濟衰退，瑞爾唯一的客戶3M突然宣布不再下單，因為他們當年度需要的包覆離合彈簧已經夠用。幸好，他們已經爭取到全錄的訂單，減輕了少許壓力，但相較於前一年，業績仍下滑了四成，並造成沉重的人事成本負擔。經過冗長討論，三人決定：不裁員，但全體減薪一〇%，他們自己則減薪五〇%。由於業績沒改善，到了年底員工減薪幅度拉大為二〇%，但也讓瑞爾在不裁員的情況下度過危機。這次經驗寫下重要的先例，也對後來不斷修正的企業文化產生了深遠的影響。

創辦初期，三位創辦人曾經很掙扎，一方面他們希望傳播福音，但另一方面又不希望將自己的信仰強加於別人身上。他們每星期都會開讀經班，員工可以在上班時間自由參加，但他們表明，員工只需認同公司的價值觀，而不是創辦人的宗教信仰。他們的態度也非常開放，歡迎其他宗教信仰、沒有宗教信仰的人加入公司。然而，並非所有同事都像這三位創辦人一般，對不同信仰的人抱持友善態度。聖經研讀課程實施下來，不但沒有讓大家更團結，反而更分裂，最後他們取消了這項課程。

後來，公司營運邁入了新階段。受到全錄的鼓舞，公司開始研發使用電力、而非機械啟動的包覆離合彈簧。花了五年，才真正開發出令他們滿意、而且可以上市的產品，公司也將因此得以享受過去從未經歷過的快速成長。

問題來了：公司成長這麼快，好嗎？他們將自己關在會議室一整天，徹底討論這個課題，最後他們達成了共識：唯有成長，才能為員工創造新的挑戰，留在公司的同事們才能有成就感。不久之後，他們開始建立更大的新廠房。

幾年後，他們又遇到另一個挑戰。為了確保品質，瑞爾開發出一套品質控管系統，品質檢驗師負責檢驗每批產品，確認無誤後才能離開生產線。問題是，檢驗流程往往拖延了運送時間。有人提議，教導負責操作設備的人自己做好品管，三位創辦人也覺得這是不錯的想法。結果：效率提升，品質更好。

那次經驗，也開啟了瑞爾企業文化的轉變。三位老闆都沒意識到，自己已經打造出一種獨特的合作決策模式。品管流程的改變，讓他們跨出了改變經營方式的第一步，引進了所謂的「授權管理」，瑞爾內部稱之為「信任引導」（teach-equip-trust，簡稱ＴＥＴ）。

多年後華舒特回憶這段往事，他形容那就像一場革命。管理風格的改變「讓我們明白，美國製造業者最大的盲點，就是認為生產部門員工不可靠，必須透過品質控管部門來監督才行」。他在官方的企業史中如此寫道：「我們很意外地發現，當生產部門的同事感受到有發展空間，並有機會發揮潛力，他們會自我激勵，更專注提升品質以及生產力。」

二十年後，他們之所以願意讓員工們自行決定是否要為菸草公司研發展示盒，便是基於這樣的領悟。今天，「信任引導」已經融入瑞爾運作的所有層面，包括與公司管理哲學有關的文件中。

這些文件當中，最重要的一份，要算是所謂的「方向宣言」了。這是威克史多姆加入後擬定的。一九八二年，他進入瑞爾公司擔任生產監督主管，不久後成了戴爾・麥瑞克的接班人選之一。威克史多姆認為，應該要保留創辦人的精神，但當初所擬定的「歡迎來到瑞爾」，語氣上（不是文字上）似乎沒特別顧及到非基督徒的感受。他提議將這份文件改名為「創辦人的話」，另擬定一份宣言，用更包容的語言說明瑞爾公司的理念。

這份「方向宣言」保留了創辦人所建立的價值觀、管理概念與理想，去掉了早期文件中的傳教口吻。例如，原來的文字是「謹守猶太教與基督教價值觀創辦事業，並為員工以及他們的家人、客戶、股東、供應商、與社區的共同利益著想」，新宣言則改為「提供適當的環境，讓工作、道德價值觀以及家庭責任之間取得和諧，所有人都被公平對待」，「接受工作的挑戰，所有的決策必須符合個人所理解的上帝創造萬物的目的」。原來版本上的「讓員工能在工作上融入基督徒價值觀」這段話，也不再出現於新版本的宣言中。

隨著時間的演進，越來越多同事加入信仰與工作的討論。一九九二年他們再度修改宣言時，公司上下所有人都參與討論，最後由一個十七人小組負責，花了很長時間討論如何真實呈現公司的宗教傳承，又不會讓其他宗教信仰（或沒宗教信仰）的人感覺不舒服。隨著員工背景越來越多元，這樣的討論非常重要。這也意外讓瑞爾公司走在國際上一股新興運動——探討宗教與工作關係——的前端。瑞爾公司這段經歷，後來被鄰近的聖湯瑪斯大學商學院教授寫入個案研究教材裡。

華舒特在一九九八年提議，公司應該擬定另一份重要文件。他非常喜歡方向宣言，因為它清楚表達了瑞爾的價值觀與原則，但是他認為還需要一份宣言，來說明公司經營方法所依據的基本信仰。最後這份宣言名為「信仰宣告」（可見這家公司多麼有基督教精神），宣告中寫著：「許多宗教傳統都明確提到，應重視公眾利益、促進個人發展、尊重人性尊嚴，因此我們鼓勵每一個人，從這些傳統與宗教文字中汲取智慧。」

這兩份文件就好比這家公司的憲法，讓所有人都清楚瑞爾所堅守的價值。在宣言中，公司宣誓永遠做對的事情、持續追求改善、協助員工提升自己、遵守「恕道」、「追求智慧——尤其是面臨重要決策時」。所有決定「只有在其他相關人員一致同意」的情況下，才能採取行動。對於員工、客戶、股東、供貨商與社區，都要堅守承諾。這一切，雖然看起來是非常高遠的理想，但瑞爾公司卻非常認真地實踐著。公司甚至成立工作小組，舉辦論壇，確定大家都貫徹這些承諾。

三位創辦人退休前，也讓瑞爾公司面臨多項挑戰，首先最明顯的，就是所有權與領導的轉移。當然，接班問題也很重要，我們將會在第八章討論。這裡我要提的是：面對接班，他們秉持的是相同的價值，以同樣的價值觀為前提，將來無論交棒給誰，公司都不會有令人意外的改變——畢竟，如果股權的移轉必須符合宣言中的信仰與價值觀，那麼除了員工以及家庭成員，他們還能把股票賣給誰？

不過，領導人的改變確實會帶來新的治理問題。例如，未來董事會應該扮演什麼角色？要如何遴選董事會成員？他們應該代表誰？董事會的責任是什麼？為了解答這些問題，在這過程中，公司領導人翻遍各種書籍文件，最後他們找到了美國電話電報公司（AT&T）前管理研究主任、組織管理權威羅伯特·葛林里夫（Robert K. Greenleaf）的作品。葛林里夫於一九六四年自美國電話電報公司退休，並成立了應用道德中心（後來改名為羅伯特葛林里夫中心），開創事業第二春，成為一位大學講師、顧問兼作家。這段期間，他撰寫了一系列關於「僕人領導」（servant leadership）的重要文章。

受到啟發的，不只是瑞爾公司，還有稍後會談到的辛格曼商業社群。葛林里夫提出的許多原則，其實早在瑞爾公司實踐多年，只是沒有用「僕人領導」這說法而已。但葛林里夫的文章，讓瑞爾董事會很受用，他們依據文章所提的原則界定董事會的責任範圍，以及訂出董事成員的遴選方式。葛林里夫認為，董事不應是個別股東的利益代言人，他認為這只會製造分裂，相反的，董事會應該是一個促使企業實現自我使命的推動力量，而不是狹隘地保護特定股東利益而已。

瑞爾公司依據這樣的原則，於二〇〇〇年三月選出新的董事會成員。新董事會的主要任務，就是監督瑞爾公司是否繼續進步、是否改造世界、是否實現公司所立下的承諾。

我不賺錢，是因為我想做有理想的事？鬼扯。

你不需要相信僕人領導，才能建立小巨人事業。事實上，如果你將僕人領導的概念告訴書中訪問過的執行長，他們未必同意。「你到底想當社會工作者，還是生意人？」戈茲集團的傑．戈茲說：「這就好比說，你不可能拋棄父母的角色，成為孩子的朋友。有位夥伴從創業開始就一直跟著我，後來學壞了，我該怎麼辦？要怎麼包容他？我並不是說不包容，而是在包容的同時，我們也有責任在必要時做出無情的決定。

「生命有溫情，但未必讓你覺得公平，一個人可能沒做什麼壞事，卻得了腦瘤。商場正好相反，也許沒溫情，但卻很公平，每一家倒閉的公司都只能怪自己。公司要成功，每個人都必須善盡自己的職責，你必須堅持這一點。例如準時上班，我們公司有一項政策，你每一季只可以遲到四次，這就是我們的包容程度，第五次遲到會被列入觀察名單，第六次遲到就會被解雇。沒有藉口，沒有例外。如果你是老闆，就必須要求員工。我們必須決定，包容到何種程度。」

對於那種聲稱「我不賺錢，是因為我想做『對』的事」的人，別聽他鬼扯。「如果你不賺錢，你應該非常擔心，」他說：「如果你的公司成立多年，卻一直不賺錢，就表示你做錯了，其中必有問題。經營公司，賺錢不是選配，而是基本必備的。不賺錢，你就有倒閉的危險，這對員工非常不負責任，他們可能因此失去工作。一旦你坐上經營者的位子，就一定要讓公司賺錢。」

他所經營的藝術家裱框服務公司不但賺錢，而且有非常親密的企業文化，也因此激發了員工的忠誠與投入。例如戴爾．茲曼（Dale Zeimen），他是裱框廠房的生產經理，這個位子原本戈茲當了八年，直到他認為應該要換人做。原本他想找有經驗、年紀稍長、而且比他會管理的人來接手，但一直沒找到合適的人選，最後他決定，找一個沒有經驗的人，自己親自訓練。茲曼就是這樣雀屏中選，並在戈茲的指導下有非常不錯的表現。

兩年後，另一家公司要挖角茲曼，答應給他一萬美元年薪，遠高於他在藝術家裱框服務的薪水。為了留下茲曼，戴爾決定幫他加薪。但後來茲曼跑去這家公司看了一下，「真是毫無章法，不懂得善待員工，」他回憶：「於是我回去跟公司說不需要給我加薪，我哪裡都不去。我不後悔自己的決定，我喜歡這裡，我希望永遠留在這裡，我要證明這裡是世界上最好的裱框公司。」

為什麼茲曼（以及其他員工）這麼喜歡為戈茲工作？「他是一位老師，」茲曼說：「他帶我們去看商展，告訴我們不該做哪些事。他要的是品質，在我進公司之前，我服務的公司專門為Target、沃爾瑪百貨大量生產相框，一%的不合格率是可以接受的。但是在這裡，品質就是一切。戈茲不喜歡管理細節，他訂好標準，我可以用自己想要的方式達到他的要求。當我們犯了錯，他會找我們談，但目的是教導，而非懲罰。他有很多想法，我們也會和不同公司的經理人會面，學習其他人的做法。戈茲會坐著聽，然後說說自己的想法，有時候想法太多、速度太快，其他人根本沒有插話的機會，只能打斷他：『嘿，暫停一下，我得消化這個想法。』」

我討厭平庸，平庸是我的敵人

事實上，戈茲還有更多點子，只是有許多還沒想到該怎麼做。你可以在裱框廠房輕易看到戈茲的創意：廠房的建築物是一棟老舊的剪羊毛廠，就位在韋伯斯特街上，距離戈茲的店面僅有一英里遠。自一九七八年開始，他就在北克里伯恩大道的家具廠工作，但後來他發現這裡的空間不敷使用，二〇〇二年決定買下這塊面積有三萬平方英尺的土地。廠房只有地上一層，分成不同的部門。「這是勞動力分工，」冬季的某天戈茲巡視廠房時說：「標籤做好了，裱框切割完成，進入下個流程，然後進行修飾，再到家具部門。這時裱框師開始工作，我們有四十位裱框師，每個人都熟悉裱框所有的流程，但又各自專精於其中的某個部分。員工可以在不同部門之間輪調，我們會找出他們的專長，然後讓他們留在那裡。」

我去參觀他們廠房時，注意到牆上的標語，看起來就像是特大號幸運餅乾裡的字條。「帶著藉口航行的人，終將沉沒在平庸的海洋裡」、「照顧客戶，就是照顧自己」、「做出好產品，才有好人生」、「快樂的客戶，是最佳的工作保障」。這些名言都是出自戈茲。「全是原創的，我從不抄襲，」他說：「關於公司經營的一切，我都會跟員工分享，如果員工不了解自己在做什麼，就代表你的管理失敗。每隔幾個月我會把新員工找來，向他們解說公司的歷史，例如我們為什麼會這麼做，萬一出問題該怎麼處理，我說：『如果我做錯了，或是任何事情的發展和我先前告訴你們的不一樣，打電話給我。』」

在工廠裡逛越久，可以看到越多標語。「放牛一條生路，或許你能擠出牛奶」、「價值觀通常不會減損，只會崩壞」、「我們最大的敵人，是平庸」。「我就是這種人，」戈茲說：「我討厭平庸，平庸是我的敵人。」他拿起一個剛完成的裱框，指著背面的藍色螺絲釘：「每個人都有自己的角色，都要對自己的工作負起責任，並因此感到自豪。假如一個裱框上的線掉了，之後又被裝回去，我們都會知道是出自誰的手。當我們開始這麼做了之後，品質也大幅提升。」

工廠旁邊就是用餐區，他們取名為「韋伯斯特餐廳」，他和席曼每星期都會和所有的員工在這裡開會。「小公司通常很少開會，」戈茲說：「但我認為公司裡每個人，一星期至少要開一次會，好讓大家可以見見面。」用餐區的每一面牆都放置八台微波爐，還有三台冰箱以及販賣機。「這是我的點子，如果只有一兩台微波爐，大家就得排隊，扣除吃飯的時間，就沒多少時間休息了。何必省這錢呢？現在的電器這麼便宜，沒理由不提供足夠的設備。」

就在這時，裝配區鈴聲響起，紅燈亮了。監督員走向計時器，重新設定，並在白板上寫下數字，其他人在自己的工作站大聲喊出：「星期一，三個」、「星期六，一個，星期一，一個」、「星期六，四個」、「星期一，一個」。

「我們就是用這種方式追蹤每天的生產進度，」戈茲解釋：「每小時一次，他們會回報自己為了哪一天要交貨的單子，完成了多少個。」「我們的目標是一天完成一百個，採用這個方法後，每一天都順利達成目標。在這之前，他們總是無法達成目標，現在用了這方法，可以讓大家知道自己完成了多少，也更有成就感，同時可以預防問題的發生。如果客戶在一點以前要拿到裱框，卻被某個人忘了，我們都能馬上因應。」

「建立這類系統是很重要的。還記得管理學者麥瑞格（Douglas McGregor）提出的理論嗎？員工分X型與Y型，我要的是Y型員工，願意多花力氣、負起更多責任以獲得工作滿足感。對他們來說，公司必須嚴格管理才行，例如要求所有人都必須準時上班，任何人晚到，都會讓表現優秀的人不滿。」

不過，公司也不是打從一開始就這樣。戈茲承認，過去這些年學到很多，而且付出很大代價。「我告訴員工，每家企業都會經歷三個階段，」他說：「創業階段、放棄階段以及成長階段。我經歷了十年混亂無措，最後終於上軌道。我終於明白，管理者不只是要激勵員工，也要懂得反激勵他們。」

他也必須學會判斷什麼是錯誤的建議。「有人告訴我，應該找一位得力助手，給他更高的薪水。一旦你當上老闆，常會聽到這樣的建議，但這是不對的。你應該做的，是建立良好的組織。但我也是付出代價才學到教訓，我曾雇用一位副總裁，我以為他可以幫我管理好公司，但是最後我明白：要管理好公司，就不能當濫好人。」

這位副總裁在公司待了七年，時間越久，製造越多麻煩。有一次，有一位戈茲最信任的經理人要離職，因為他對公司很不滿，認為這位副總裁並沒有專心經營公司，員工不知道公司對他們的期望是什麼，也不知道該負什麼責任。

戈茲說服他留下。之後有一天，戈茲到裱框店的展示間，看到一位員工留下的咖啡杯，讓他勃然大怒。因為每一位員工上班的第一天，戈茲都會告訴他們：不可以將咖啡杯留在展示間。咖啡杯留在展示間，是散漫的行為，代表你不在乎、只求平庸，他絕對無法忍受這樣的事。他把店經理叫到辦公室，大聲斥責了一番。「我整個失控，」他說：「我不是那種會吼叫的人，但那天我完全控制不了自己。」

心情平靜下來後，他開始反省，為什麼會發生這樣的事？他怎麼會為了咖啡杯，大聲斥責年輕的店經理？「我花了好幾星期才想通，」戈茲說：「最後我才搞懂，是我雇用的那位副總裁，傳遞大家一個不同的概念：放輕鬆。他只是在看守，不是在管理。他營造出的環境，讓人們不再重視規則與標準。我在每個部門都看到這樣的情形，很多員工沒有足夠的訓練，沒有人好好帶領他們。這位副總裁的管理方法，是『不出狀況就好，萬一出狀況，我會出面幫忙』。如果小孩把積木放進嘴裡，把它拿出來就好；火爐燒了起來，滅了火就好，他不會問：『為什麼會發生？誰做的？要學到什麼教訓？』他所創造的，是他自己認為舒適的環境，但那不是我要的。這是我的錯，我應該及早建立管理團隊。於是，我回去找那位被我責罵的經理，向她道歉，她說：『你們兩人傳達的訊息完全不同，讓人感覺混淆。』」

戈茲心裡有些不安地解雇了這位副總裁，從今以後集團旗下主管都要向他直接報告。「當初我之所以要雇用一位副總裁，是希望自己有更多時間與彈性，我怕無法同時管八位經理人，」他說。其實他不但有能力管，而且遊刃有餘。「所有經理人都表現得比過去好，他們花些時間和我討論，這對他們來說不算是很大的改變，但是他們讓我知道，我不需要一個所謂的得力助手，這就是我的體悟。」

建立好制度，你就不需要把責任推給別人

他發現，不需要一位得力助手還有一個原因，就是他已經為公司建立好所有的制度，只要員工遵循這些制度，就可以杜絕多數問題。「我喜歡找出問題的答案，」戈茲說：「我喜歡找到解決方法，我跟好友伊拉說我發現自己有這種傾向，他笑著說：你忘了？我還記得你以前小時候，還會去計算剪草要花多少時間。我回他說，不是只有以前，我現在還是！」

「我們有四條重要守則，」戈茲說：「第一，絕不讓客戶離開的時候沒拿發票；第二，如果客戶需要切割藝術作品，我們必須當場在客戶面前畫好線；第三，除非畫好線，否則絕不切割；第四，在客戶離開前，將已經存在的損壞位置標示出來。所有守則都白紙黑字寫下來，我的任務就是確保所有經理人都能管理好這套制度。如果他們做到了，九九．七%的案子會很順利，一千個裱框

中，大約只會有三個出問題。」

戈茲不需要得力助手，其實還有另一個原因：他自己就是一位成熟的經理人。「我們將三家公司同時搬來這裡之後，我並沒有做太多事，」他說：「都是戴爾、艾格里皮諾．巴坦科特（Agripino Betancourt），以及瑞恩．貝托（Ren Battle）處理批發以及採購的事情。我們買了一台新卡車，其中一位名叫阿曼多的員工和他太太在那一區工作，」他指向室內的卸貨區說：「有一次，他不小心撞到一根柱子，柱子倒下壓壞了卡車車頂。阿曼多嚇得不知該如何是好，一邊道歉一邊說他會負責賠償，他太太驚嚇過度也哭了。我現在比較有經驗了，知道必須當下讓他們安心，他們已經工作了十四小時，發生這樣的事情可以想見他們心裡會怎麼想。以前的我，雖然不會大聲吼叫，但會擺張臭臉。如今我已經學會遇到這種情況，我最大的責任就是讓員工安心工作。我告訴他們夫妻，別擔心，公司會處理。這帶來的影響是非常大的，當時有許多員工站在旁邊，目睹你的處事方式。無論你平時設計了什麼樣的紅利計畫、舉辦多棒的大會或派對，只要你被大家看到對某人大聲斥責，你前面的努力全部白費了。我年輕時，就是會這樣罵員工，因為我不懂如何扮演老闆的角色。現在，我學會了區分什麼是可忍受的錯誤、什麼是不可原諒的行為。」

後來，戈茲也調整了自己的角色。「以前，我的角色是七五%的創業者、二五%的經理人，現在，我是七五%的經理人、二五%的創業者，」他說：「我認為成功經營事業的祕訣只有兩個：一是『槓桿原理』，二是『控制』。我非常擅長槓桿原理，也就是運用我們既有的資產，不斷開發新事業。肉品包裝廠常說，除了豬叫聲之外，他們可以賣掉所有豬身上的東西。但我可以賣所有東西，包括豬叫聲。至於控制，目前包括定價、運送、訓練、確認業務員說明等工作，仍然由我直接控制，我的重心都放在這些問題上。有一位年長的客戶曾經告訴我，公司規模越大越難經營，但我不同意。我們會訂定制度，會雇用優秀人才，我有八位經理人，公司不斷成長。我真的非常快樂，也很驕傲。」

雖然戈茲的做法和瑞爾公司不同，但他們有著許多共同點，例如他們都擁有多位資深員工，而且員工流動率相對較低。書中幾乎所有企業都有相似特徵——除了鍾頭製作公司與塞利馬。這兩家公司的成立目的，都是為了讓創業者擁有自由的空間，去追求他們的理想，因此他們必須把全職員工的人數降到最低。

你這麼有天分，何必埋沒了自己？——塞利馬的選擇

對塞利馬．史塔佛拉來說，理想的員工人數是……一位。

其實她原本從未想過創業。出生於一九二二年，在巴格達長大的她，父親是猶太裔伊拉克商人，非常富裕，人脈廣，很有成就。她的曾祖父來頭也很大，曾是鄂圖曼帝國的庫爾德斯坦（Kurdistan）總督。二戰期間，她與派駐在伊拉克的美國軍官湯尼陷入熱戀，之後兩人結婚，成了

巴格達社會上流階層的一大醜聞。戰爭結束後，她和丈夫搬到紐約布魯克林，原本想要再回到巴格達，但就在這時，家裡出事了：以色列建國後，伊拉克境內的猶太人被視為間諜，塞利馬的父親遭到殺害，其餘家人除了身上穿的衣物之外，什麼也沒帶，驚險地逃出來。

當時的塞利馬，已經在時尚界小有名氣。雖然她沒有受過正統訓練，卻非常有天分，當塞利馬到曼哈頓知名的高級女裝設計師佛羅倫斯・勒斯汀（Florence Lustig）應徵工作時，這位設計師一眼就看出她的天分。塞利馬被錄用了，並在勒斯汀的公司工作了八個月。當時公司其中一位有錢的客戶，想要自己成立服裝設計公司，塞利馬深受吸引。塞利馬和新公司簽約，每天可以準時下班陪伴女兒。然而，幾個月過去，新老闆給她的工作量越來越多，兩人發生激烈爭執，一年半後她離開了公司，她發誓，未來只為自己工作。

為自己工作，正是接下來五十九年她所做的事情。剛開始在紐約，後來到邁阿密海灘，公司員工從沒有超過一個人。她賺了不少錢，而且非常挑客戶，只接她喜歡的客人。「我沒有辦法為一個我不喜歡的人做任何事，如果我對這個人沒感覺，就不會有那種讓這個人更美的創造動力。既然如此，我幹嘛讓她成為我的客戶？」她說：「如果他們打電話問我，需要多少費用？我會說，你付不起的。」在許多情況下，確實如此。

有趣的是，挑客戶反而讓她的名聲越來越響。不斷有人告訴她，這麼做等於埋沒了自己的天分，她應該要積極拓展業務，將事業提升到「下個階段」。然而，她斷然拒絕這些人的提議。「這根本是謊言，那些商業論述都是謊言，」她說：「我為自己的作品感到驕傲，非常驕傲，我不可能妥協，而且絕對不會為了錢而妥協。我在乎的不只是支票，而是這個客戶因為我的作品，看起來變得有多美、多特別，這才是真正的成就感。如果我變成了凱文．克萊，就不會有這樣的成就感了。」

她很清楚自己想要的，是能夠自在地做自己喜歡做的事，是一種只為自己喜歡的人做，想做的時候做、不想做的時候就不做的工作方式。如果經營大企業，這一切都是天方夜譚。「我為什麼要限制公司的規模？第一，因為我不想被事業綁住，規模變大，就是公司擁有我，而不是我擁有公司了。任何事情只要有其他人參與，你就必須妥協，但我不想為自己認為對的事情妥協。第二，我不希望事業的規模大於家庭。第三，我實在不喜歡別人告訴我要做什麼。金錢對我來說一點也不重要，我從來不擔心。」當然，有了客戶的忠誠支持以及她對商業的敏銳度，她根本不需要擔心。

錘頭製作公司的四位電影業老手，也同樣不擔心。這家位在加州影城的視覺特效製作公司，就如同塞利馬，希望讓每個人可以自由追求自己的創意熱情。雖然他們都是經驗老到的專業工作者，他們所提供的服務也有龐大的市場需求，但是他們覺得在大型視覺特效製作公司處處受限，在這種公司上班他們可以賺大錢、享有優渥的福利、擁有可觀的權力沒錯，但是卻沒有他們所要的自由，做他們真正想做的事情。一九九四年，機會終於降臨。

當時，他們原本在位於加州桑尼維爾的太平洋資料影像（Pacific Data Images, PDI）工作，後來公司被夢工廠（DreamWorks）購併，並決定關閉位在舊金山的辦公室。負責舊金山辦公室的傑米．狄克森（Jamie Dixon）與丹．喬巴很無奈，只好出面告知合作的電影製作人，太平洋資料影像公司無法履行合約了。沒想到，其中一位製作人說：「跟我合作的不是公司，而是你，放心，我會付錢給你，你繼續做吧。」

狄克森和喬巴本來就考慮創業，於是決定邀請這位製作人加入他們，利用這個專案成立新公司。他們又邀請了另外兩位太平洋資料影像的員工加入，成為創業夥伴，分別是創意總監瑞貝卡．瑪莉（Rebecca Marie）以及軟體負責人泰德．比爾（Thad Beier），這兩個人擁有狄克森和喬巴所沒有的技能，興趣也不同。吸引他們共同創業的原因無他，就是讓他們真正去做自己一直想做的事情——狄克森想當導演拍電影，比爾想要開發軟體，瑪莉希望有時間繪畫，喬巴則是想要找時間寫劇本與製作動畫。

接下來的十一年，他們四個人讓鍾頭公司成為好萊塢小型視覺特效公司的第一把交椅，同時也保有了他們想要的自由。他們將公司的人數維持在最低水準——十四位全職員工，包括創業夥伴，並限制接手的專案數量與規模。如果接到的專案規模遠超出他們可應付的範圍，就會依據專案的需要額外雇用人力。一旦專案結束，多出來的人力就會轉做其他專案，鍾頭公司又回復到原有的人數規模。

我們公司有山谷、泳池、野鹿與土狼，歡迎來應徵

正因為有非常多的自由工作者，而且各有各的才華，因此公司可以接下各種不同的案子。在技術發展快速的產業，這是非常重要的成功因素。如果你不接專案，拓展自己的技能，就無法發展必要的技術，保持競爭力。有了這些自由工作者，錘頭公司既可以接專案，同時又不需要擴大公司規模。

錘頭公司的幾位創辦人也希望建立開放的企業文化，不要像其他大型特效製作公司那樣的官僚，員工不需被監督，就能自動自發工作。他們認為，這樣可以吸引更多與他們志同道合的動畫師。一開始，他們原本在伯班克的一棟公寓裡工作，後來在影城找到了一間破舊小屋，小屋坐落在洛杉磯中部山丘上的林地，占地四英畝，附近的樹林常可看到鹿及土狼出沒。此外還有游泳池，可以看到整座山谷，這些特點就成了錘頭公司主要的徵人誘因。辦公室內部的裝潢，感覺像是鄉村俱樂部，也可說是高級交誼會館。公司會供應午餐，所有人坐在客廳，中間放著一張桌子，客廳後方的壁爐上放著一隻鯊魚。

「我們都會一起吃午飯，討論工作，」喬巴說：「動畫師就在餐廳旁的兩間大房間工作，沒有隔間，所有人都聽得到所有事情。」

此外還有一台撞球桌，等待電腦處理他們的設計資料時，就可以打撞球或是去游泳，但是當科

技越來越進步，休息的機會也越來越少。「很多人之前待的公司都會剝削員工，常常超時工作，」喬巴說：「我告訴新來的人，我們不喜歡超時工作，我們寧可領取較低的薪資，然後以你認為正常的時間工作，所以每個人的上班時間是不同的。有些人七點半到公司，有些人則是到了下午才會出現。創辦人則有固定的上下班時間，因為我們有家庭。如果有人堅持要超時工作，我們會老實告訴他：不會有人在乎你的工作時數，我們只看生產力。」

在錘頭公司創業初期，由於接案規模不大，這樣的運作方式非常成功，但隨著專案規模越來越大，需要更多人共同完成，公司也面臨新的挑戰。例如二〇〇三年，環球影視請錘頭公司為《超世紀戰警》（*The Chronicles of Riddick*）製作視覺特效，這是公司創辦以來接過最龐大的專案，需要的人力也是數量最多的一次。但對許多人來說，位於山丘上的工作室實在不方便，於是在進行專案期間，公司搬到環球影城，員工必須窩在狹小、有隔板的辦公室工作，和以前開放的空間完全不同。當然這是非常大的犧牲，但幾位創辦人願意這麼做，為的就是這個專案所帶來的龐大商機。他們希望製作出最先進的特效，就如同《魔戒》與《哈利波特》的視覺特效，能隨著電影的賣座而受到矚目。除此之外，接下這個專案也可提升他們的技術與設備，累積經驗與信用，未來更有條件接下類似的大型專案。

雖然，後來事情的發展並不如他們原來的規畫，但還是達到目標。首先，實際需要的人力是原本估計的兩倍，這是當初沒有料到的難題。「以前我們需要的人不多，所以對於人選以及雇用的方式非常挑剔，」喬巴說：「但是現在我們必須及時補足這麼多人，不可能像過去那樣挑，因此找到不理想的人。這些人根本沒有履歷表上寫的那麼優秀，無法達到你期待的品質。

「他們也不熟悉我們的工作方式，他們習慣了大企業，希望你確切地告訴他們要做什麼、怎麼做。他們一點也不享受我們所給予的自由，我們必須增加管理層級，這是過去我們非常不願意做的事。整個過程中我們失去了既有的文化，無法用原本非常喜歡、而且運作良好的開放架構。

「我們也因此失去了幾位優秀的正職員工，因為我們必須將他們晉升到管理階層，由他們負責監督。他們做得很好，但他們不是機器。他們無法應付這麼多工作，當其中一位資深員工升遷到管理階層，就必須額外雇用二到三位新人。但就算增加人手，我們還是需要這些資深員工繼續負責特效製作，因為有些特別棘手的問題，還是得靠他們解決。

「有陣子差點搞砸，」喬巴說：「我們必須有所取捨，壓力非常大。」最後專案完成的時間比預定多出了幾星期。專案結束，錘頭公司又回復之前十四人的規模，並且回到山丘上的工作室。

曾經犯過的重大錯誤，是你未來最珍貴的資產

回首過去，幾位創辦人滔滔不絕地暢談他們的重大成就。第一，他們的技術專業得到提升，而且趕上產業科技的快速變化；第二，他們改善了設備品質，卻沒有增加負債，因為新設備的資金取

自於專案的預算。這些設備至少還可以支撐一年；第三，對於如何執行大型專案，他們學到了很多，也增加不少信心。他們遭遇了以前未曾碰過的難題，並且想出了非常有創意的解決方法。總之，他們更知道何時要將工作委外給其他公司，何時該自己做，未來他們會改善管理臨時派遣人力的能力。

最重要的，他們犯下了重大錯誤，並從中學到寶貴的教訓，他們相信，這些教訓可以幫助他們未來執行大型專案時更有效率，他們真的是這麼希望。「我們仍希望創造我們認為最成功、最有效率的工作環境，讓人們產生正面的感受，激發他們的創意，」喬巴說：「如今我們了解，應該早一點雇用重要的人才，讓他們熟悉我們希望的工作方式。我們也會努力了解房地產市場，找尋適合的工作空間，就可以避免這次所遇到的空間問題。如果我們可以做到這些，就可以更有效率、賺更多錢，更善用鍾頭的工作模式，讓一切成真。」

事實上，鍾頭公司在《超世紀戰警》專案中確實賺到錢，只是沒有過去賺得多。喬巴說，鍾頭公司多數案子的獲利「是一〇%的數倍之多」。不同於大型同業，鍾頭公司在不同專案之間的空窗期，通常不會出現太大的虧損。「大公司只接大型專案，並雇用大量人力，」鍾頭公司的總裁傑米．狄克森說：「專案結束之後，公司沒有收入，卻要支付這麼多人的薪水。」

鍾頭公司只接小型專案，是很好的策略，因為這種專案的利潤最好。再加上通常是老闆自己跳下來做，因此往往利潤更高、品質更佳、口碑更好、吸引更多高利潤的專案上門。他們將正職員工的人數減到最低，每完成一項專案就回復到原有的人數規模，公司便能將專案之間空窗期的損失降至最低。因此，他們不需要煩惱現金問題，事實上他們的現金多到引起其他同業側目。沒多久，許多小型公司紛紛興起，都希望複製錘頭公司的成功模式。

當然，這個產業仍需要大型特效公司提供服務，因為像錘頭公司的小型企業無法應付需要上百人才能完成的大型專案。有一家大型公司，其實在各方面都像錘頭公司一樣令人印象深刻，那就是位於加州的瑞休影片製作公司。

瑞休公司為《寶貝》（*Babe*）電影製作的動物動畫，得到奧斯卡獎肯定。其他的作品還包括《魔鬼終結者續集》（*Terminator II*）、《隨身變》（*The Nutty Professor*）、《納尼亞傳奇》（*The Lion, the Witch, and the Wardrobe*）以及《超人再起》（*Superman Returns*）。無論從哪個角度看，瑞休都是一家非常棒的公司，它具備了書中許多企業所擁有的相同特色，除了一點：每年的獲利微薄。「這是一個虧錢的事業，」創辦人兼總裁約翰·休斯（John Hughes）在二〇〇三年十二月的某一天說。「在這個產業，損益平衡是最好的情況。要維持公司運作非常困難，有非常多失敗的例子。我們創業時的競爭對手，如今只有一家仍維持獨立運作，就是光影魔幻工業特效公司（Industrial Light & Magic）。」

收入不穩定，但是福利超人性——瑞休影片製作公司的魔咒

一九九五年，休斯和他的工作夥伴搬進一棟設計現代、空間開放、通風良好的大樓。大樓的隔壁，就是曾經存放霍華．休斯（Howard Hughes）「美麗大雁」（Spruce Goose，史上最大飛機）的廠房，如今是動作片攝影棚。走廊的牆上掛滿了畫，記錄著動畫產業的歷史——有動畫師為迪士尼卡通人物繪製的草圖（從早期的米老鼠到後來的彼得潘），還有華納兄弟的明星人物，例如艾瑪．福德（Elmer Fudd）、邦尼兔（Bugs Bunny），以及達菲鴨（Daffy Duck）等。轉個彎，可以看到《幻想曲》（*Fantasia*）動畫片人物的繪畫。再轉個彎又可以看到漫畫家朱利斯．菲佛（Jules Feiffer）創作的舞者，以及《寶貝》黏土動物，還有由樹脂包裝紙做成的縮小版賽馬。另外還有公司參與社區活動的照片，往前走還可以看到許多玩具、食物以及衣服堆放在一起，「這些都是要送給南洛杉磯一家幼稚園的東西。」休斯說。

這個月瑞休公司非常忙碌，總共有六百五十人在這裡工作，是平時的兩倍。公司增加人力，是為了應付多項大型專案，包括《加菲貓》（*Garfield*）以及《史酷比續集》（*Scooby-Doo II*）。辦公室擁擠不堪，不論走到哪裡，都可以看到動畫師、合成人員、程式設計師、系統人員圍在電腦前開會、繪圖、製作黏土模型、看日報、在白板上書寫、在Linux課堂上記筆記等等。空間內的所有角落都被利用到，所有人擠在昏暗的房間裡，你可以看到一排又一排的電腦工作站。即使是會議室，

也擺滿了桌子和電腦。

雖然許多專案正在進行，但休斯還是很擔心，因為接下來沒有任何重大的專案在手上。「當大型專案結束，我們就會失去百萬美元的收入，」他說：「公司成立已經十六年，仍在努力求生存。」

休斯將公司的困境歸咎於產業的激烈競爭，他說，價格由市場決定，獲利不斷受到壓縮。然而，公司許多開銷卻省不了，例如健保，公司每年必須為每位員工支付八千到一萬一千美元的費用，只要休斯認為這個員工會在公司工作六個月或更長時間，就可以享受這個福利。瑞休公司會支付所有的醫療成本，每個人最高上限為八萬五千美元。這些福利只有一個缺點，就是：一旦公司破產，員工就必須自行負擔所有醫療費用。

對於公司將資金投入員工健康保險，有些高階主管曾經非常不贊成。他們不反對善待員工，但他們認為公司沒有足夠的財力負擔。但在休斯心中，這是公司必須扛起的責任。「公司有些人認為這項福利『太過感情用事』，」他說：「但我不同意，這是情感的一部分，員工們會感受到自己努力工作是值得的。」

健保還只是瑞休公司照顧員工的方式之一。此外，公司如果有獲利，會另外撥出淨利的一〇%投入員工的退休基金帳戶，「如果沒賺錢，」休斯說：「我們還是會撥出一筆資金。」公司也提供教育訓練計畫，由公司負擔上課的費用，每人每年最多七百五十美元。休假規定也非常大方，每人每年至少有三星期的假期，滿兩年可以有四星期假期，滿五年有五星期，滿十年則有六星期的假期。此外，每位員工每五年，還可以有八星期的休假。所以，資深員工每年總共有十三到十四星期的休假，照樣領薪水。

公司還會提供早餐與午餐。在其他製片公司，員工必須到外面吃飯，但這裡的員工多半喜歡留在公司裡吃：食物比較好，而且還是公司買單。一到午餐時間，所有人都湧進自助餐廳，排隊等候點餐。休斯自己也必須排隊，這裡沒有特權，大家都坐在餐廳裡的長桌上一起吃飯，天氣好時，就在後門外面的空地上。

至於公司治理，瑞休公司有一個由十五到二十人組成的高階主管委員會，還有十人的政策修訂委員會，共同決定是否需要制定新政策或是修訂既有的政策。「大家都知道我擁有否決權，」休斯說：「但我從沒動用過。」在公司的電腦系統裡，有三個獨立的討論園地，一是針對經營管理問題，二是一般的聊天室，三則是政論平台，讓大家有機會針對自己關心的話題表達看法。

為什麼能活到今天？因為要看現金流量！要看現金流量！

至於財務，瑞休公司的做法和書中其他公司類似，也是採取透明公開的策略。每星期五所有員工在大禮堂聚集，休斯和經理人會告訴員工電視廣告的比稿情況、重大電影專案的進度、公司的現金流量。每一季，休斯會說明公司的財報，並解釋未來的預算規畫。最重要的目的，是希望讓員工理解正向現金流量與獲利之間的差異，對於一家每年都很難達成損益兩平的公司來說，這個區分是非常重要的。他認為，有必要讓員工知道未來的狀況。「我覺得開放管理是最誠實的做法，」他說：「如果情況危急，公司必須裁員，我不希望員工沒有心理準備。」

然而，儘管他非常努力公開所有資訊，他猜想只有少數的員工真正理解公司的財務模型，公司之所以能活到今天，其實正是靠這套模型。

這套模型的關鍵，就是現金流量。休斯非常注意公司現金流量的變化，由於管理得當，瑞休公司才得以經營這麼多年。「對我來說，現金預估是最重要的關鍵，」他說：「我通常不靠損益表，我們每季結算一次，我會依據現金預估計算我們的需求。我通常會追蹤某個特定數字：每位技術總監（technical director）的營收，如今公司的規模擴大了，現金預估也越來越複雜，但是我們仍依據每位技術總監的營收來做預算規畫。如果沒有營收，就必須裁員。因為，光是人事成本就占了總成本的八五％，再怎麼節省也不可能削減足夠的成本，即使刪除健康保險福利還是不夠。」

這就引發了一個有趣的問題：一家長期勉強求生存的公司，有什麼魔咒可言嗎？以瑞休公司的情形看來，我想答案是肯定的。我相信這家公司的員工、顧客、供應商、鄰居以及動作片產業的同好，都會真心地同意。這家公司受到景仰與尊敬，具備了擁有魔咒、而且獲利的公司所具備的魅力與特質——與員工和顧客建立親密關係、貼近社群、追求卓越的熱情、擁抱創新、持續找尋新方法讓自己做得更好。

當然啦，如果有一天錢燒光了，有魔咒也沒用。正如同傑．戈茲所說的，沒有獲利的公司將無法繼續生存下去。當你手頭上沒有錢，再棒的企業文化都救不了你。

很不幸的，這正是後來瑞休公司，以及其他幾家小巨人所遭遇的難題。

| 第7章 |

看懂財報，守住毛利，否則你會倒閉！

小巨人都該上的財務課

我最早發現前版《小，是我故意的》遺漏了重要的內容，是在新書出版後不久。當時我寄了一封電子郵件給瑞爾精準生產公司的共同執行長之一史蒂夫．威克史多姆，結果收到自動回覆的信件，說可以透過另一個信箱聯繫他，很明顯可以看出那是私人郵件信箱。於是我立即聯繫另一位共同執行長鮑伯．卡爾森，才知道原來威克史多姆已經離開公司，而且瑞爾公司正面臨存亡關頭。

我非常震驚。當時，距離我最後一次拜訪這家位於聖保羅的公司不過一年半的時間。我採訪過公司所有階層的員工，參觀門市店面，甚至參與了一場會議。我仔細研究公司財報，與他們討論公司面臨的挑戰，也同意兩位創辦人的說法：當時的瑞爾公司是成立三十五年來，最有競爭力的時刻。怎麼才沒多久，一切都變了？我曾想過要親自飛到聖保羅去把事情弄清楚，但卡爾森要我暫緩，因為威克史多姆正與公司打官司，沒有人會願意和我談，必須等到官司告一段落再說。

幾年後，我聽說官司結束了，於是我立即飛往聖保羅。接下來的幾天，我學到了一個重大教訓：經營企業，一定要重視毛利——如果你是一家小公司，更是重要。

因為，我們已經不再是小公司了……

當時的瑞爾公司，仍努力擺脫已經持續三年半的危機，他們的最大客戶東芝，決定更換供應商，導致瑞爾筆電軸承的營業額大幅縮減超過四〇%，從二〇〇三年的一千三百二十萬美元，下滑至二〇〇四年的七百六十萬美元。為了達到損益兩平，不得不要求所有董事會成員降薪，刪減福利。

那是該公司四年來第二度降薪、刪減福利。第一次是在二〇〇一年，而且持續超過一年的時間。董事會雖然只是表示關切，但仍決定必須採取激烈的手段解決問題。當時三位創辦人——鮑伯·華舒特、李·強森、戴爾·麥瑞克——都已經退出，公司主導權交棒給三位外部董事與卡爾森。卡爾森於二〇〇五年卸下執行長職務，並加入董事會，成為名譽執行長，同年六月，董事會以三票贊成、一票反對（卡爾森投的），終結了瑞爾三十五年來最重要的「共同領導」傳統，曾在柯達擔任主管、四個月前才加入瑞爾的艾瑞克·唐諾森（Eric Donaldson），將擔任唯一執行長。這也意味著當時另一位共同執行長威克史多姆，面臨兩個選擇：一是留下來擔任總裁職務，直接向新執行長報告，或是領二十萬美元的離職津貼與福利，打包走人。但威克史多姆決定：控告公司歧視與背信。

領導階層大地震，造成瑞爾的業績開始下滑，公司士氣跌至前所未見的谷底，有人認為，事情走到如此不堪的局面，董事會必須負責，他們採取如此激烈的手段，卻沒有提出任何解釋。有些人則是怪罪新任執行長唐諾森，採取了完全不同的領導風格。

「問題出在唐諾森由上而下的管理作風，」喬．阿諾說，這位當年拒絕為菸商設計展示盒的工程師，在瑞爾公司工作了二十三年，二〇〇六年離職。「兩年前，我覺得自己是瑞爾的股東之一，但在我離開的那一刻，它只不過是一份工作。唐諾森很聰明，但他不像其他會用大腦的人那樣聰明，他不知道自己失去了什麼。」

唐諾森認為，如果瑞爾公司要存活，就得改變。「我們目前正進行五年改造計畫，」他說：「要繼續生存，就必須制度化，明確界定每個人的工作職責。在小公司，每個人可以自由做自己想做的，但我們現在已經不是一家小公司，現在最重要的就是『當責』，這是我們以前沒有的觀念。」

共同創辦人之一的鮑伯．華舒特相當自責。雖然一九九八年之後，他就退出公司的日常營運，接下來七年的時間，他以董事長的身分，擔任公司資深主管與董事會之間的溝通橋梁。這段期間，董事會成員越來越擔憂瑞爾太過依賴筆記型電腦軸承的業務，產業波動劇烈、價格競爭激烈。「公司內部應該針對這個問題進行有建設性的對話，我應該要堅持讓這件事發生，」他說：「我真的很後悔，不夠坦誠，也沒堅持解決這些問題。」

不過，華舒特也明白，包括他自己與其他主管的決策錯誤，只是問題的一部分。瑞爾公司的困境根源可以追溯到多年前，他和創業夥伴們曾經做過的決策，直到多年之後，他才意識到這些事情的影響有多麼重大。

例如他想起十年前——當時公司的規模僅有二〇〇七年時的一半——投入亞洲市場的決定。那次決策後來引發了一連串事件，摧毀了他和同事們花費三十五年辛苦建立的企業文化，最後讓公司陷入破產邊緣。

存活的三個理由：現金、現金、現金！

這本書第一版時沒深入探討財務結構的重要性，一直讓我耿耿於懷。當時，我錯誤地以為沒這個必要——既然我挑選的都是長期有獲利的企業，而且它們過去成功地度過事業的起伏，想必未來也會如此。況且，我也不太可能找出可以適用所有企業的財務衡量指標，畢竟每個產業有其差異性。

但瑞爾公司的危機猶如當頭棒喝，可惜來得太遲，在我寫下這一篇期間，已經有兩家書中談到的小巨人陷入財務危機，其中一家甚至已經破產。我花了很長時間思考，是否有一套財務指標，適用於所有企業、所有產業。最後我歸納出三個必須遵守的指標：

1穩定的毛利，這是任何企業都必須時時緊盯的財務指標。

2健全的資產負債表，尤其是流動資產、現金債務比、負債權益比等指標，格外重要。

3穩固的商業模式，也就是企業如何把價值傳遞給顧客，並在過程中取得獲利。

只要做到了以上三項指標，企業內部必定能創造足夠的現金流，如果做不到這三點，那麼這家公司陷入財務危機只是時間早晚的問題了。一家公司如果沒有足夠現金來支付所有費用，是絕對無法維持正常營運的。正如同諾姆．布羅斯基所說：「有營業額很好，有獲利更好，但能否生存，關鍵在於現金流量。」

為了衝市占率，卻賠上整家公司……

回到瑞爾公司，他們遭遇的難題是：當公司營運有困難，該不該裁員？

前面我們談過，這家公司打從創辦之初，就承諾會保障員工的工作機會。之所以做出這樣的承諾，主要是來自於三位創業者離開3M之後，希望可以創辦一家對他們而言更有意義的企業，他們在當年的「歡迎來到瑞爾」中寫道：

提供每一位在瑞爾工作的員工——

a 維持生計應有的保障。

b 個人成長的機會。

c 結合猶太基督教價值的生涯發展。

雖然在一九八〇年代，「方向宣言」取代了「歡迎來到瑞爾」，並刪除了第三點，但是接下來幾年，公司給員工的照顧有增無減。例如除了鼓勵高度授權之外，如果現金流足夠，公司會大方地發放獎金與禮物，而且老闆們付給自己的薪水並沒有特別高，大約是公司最低薪全職員工薪水的七倍左右。他們還建立了「病假銀行」制度，沒有用到的病假可以儲存起來，等到需要時再使用，或是給有需要的同事。後來公司經營上軌道，可以和員工分享財富時，三位創業者還推出了員工持股計畫，讓所有員工持有公司四三%的股份。

瑞爾員工以高度的忠誠作為回報，員工流動率極低。一般規模相近的製造公司，平均的人員流動率約在二〇至三〇%之間，但在瑞爾公司，如果只計算自願離職的人數，每年大約僅有一%，如果把因不適任而離開的人數算進來，每年大約是三%。「你很少聽到有人說想要離開公司。」擔任員工服務資深專員的法雷莎．卡絲佩爾斯（Valessa Caspers）說。

基於上述的傳統和它所孕育的企業文化，也就不難想見一九九〇年代末期瑞爾領導人在面臨重大的策略性決定時，有多麼掙扎。

當時，筆記型電腦軸承業務已是瑞爾的核心事業，瑞爾的產品銷售給多家美國電腦公司，包括蘋果、康栢等，但市場開始發生轉變，亞洲競爭對手紛紛崛起。為了讓軸承事業持續成長，瑞爾將產品直接銷售給亞洲的製造商，包括日本、南韓、台灣，後來也包括中國廠商。這段期間，市場也漸漸朝向低價與高價兩極化發展，瑞爾許多產品的銷售出現下滑，例如中價位影印機使用的軸承。如果瑞爾不進入亞洲市場，全公司一百二十名員工當中，勢必有部分人力要被裁撤。

但進入亞洲市場有風險，一方面，公司必須在別人的地盤上與低成本供應商競爭，儘管瑞爾的軸承品質較好，但沒有人能保證品質上的差異足以對抗競爭對手的低價競爭。當然，常見的策略是薄利多銷，但長期以來瑞爾一直不願意犧牲利潤。

針對是否進入亞洲，瑞爾內部有非常激烈的爭辯。有些人堅信瑞爾的產品品質，絕對可以在亞洲市場獲得成功，得到的報酬必定超過投資的時間與資本。但也有人認為，瑞爾將會無可避免地與在地供應商陷入價格大戰，而瑞爾毫無勝算可言，還不如現在就裁員，對公司來說比較安全。

最後，董事會和三位創辦人決定：暫不裁員，積極投入亞洲市場，衝市占率。這是瑞爾史上，第一次出現「衝市占率」的策略。於是，該公司從一九九七年起，開啟了亞洲業務。

進入亞洲市場的同時，還發生另一件重要的大事：其中兩位創辦人退休，威克史多姆將成為唯一執行長。但他是「共同領導」信念的擁護者，堅持要有另一個人和他共同擔任執行長，否則他不願意接受這個職務。最後是鮑伯．卡爾森雀屏中選，他畢業於西點軍校、曾參與越戰、擔任過工程師、ＩＢＭ業務，並在華頓商學院取得ＭＢＡ學位。

他們兩人擔任共同執行長的頭幾年，公司業務蒸蒸日上。瑞爾公司開發出一項新技術，並取得專利，這項技術讓瑞爾生產的軸承尺寸比起競爭對手的產品要小三〇％。由於市場上對於筆電的需求希望越輕薄短小越好，因此如果軸承尺寸縮小，對廠商而言具有極大優勢。因此瑞爾的營收從一九九八年的五百二十萬美元，大幅成長至二〇〇〇年的一千九百萬美元，營業利潤達到二百八十萬美元，市占率提升到二五％，令人驚豔。

但好景不長。二〇〇一年，公司營收下滑超過三〇％。瑞爾公司原本就承諾員工，只要有其他選擇的可能，公司絕不會考慮裁員。因此除了薪資最底層的員工之外，其他員工一律降薪，資深管理階層的減薪幅度最大。採取以上行動之後，公司得以維持損益平衡，還有少許的盈餘，不需要裁員。二〇〇二年與〇三年業績起死回生，員工們不但保住了工作，最重要的是大家都避免了裁員所引發的精神創傷。瑞爾的「非常」做法，在二〇〇三年四月贏得明尼蘇達商業道德獎，二〇〇四年初更獲得全國商業道德獎。

華舒特感到非常欣慰，「很高興可以這麼說……現在是公司最好的時候，」他在公司歷史中寫道：「個人與部門之間形成比過去還要良好的綜效，許多人也以看似不可能的方法達到不可思議的成就。」

二〇〇七年秋季，我和華舒特碰面，上述這段文字也已成遙遠的記憶。如今，他知道一九九七年那個看似勇敢的決策，其實是一連串災難的開始，也摧毀了他們耗費畢生心力所建立的企業文化。

「首先，為了衝市占率，我們只好在價格上讓步，但這是正確的決定嗎？不，這完全違背我們過去所做的事情。過去我們堅守價格維持利潤，如果當時我們繼續堅持，結果很可能不一樣，沒錯，我們會失去部分生意，但未必活不下去。」還有，為了擴大產量，瑞爾公司花了上百萬美元進行自動化，但這項投資反而讓瑞爾公司更快朝失敗深淵奔去，因為當產量增加，公司也從原本的「應付」產量，變成了「需要」產量，於是只好進一步殺低價格，壓縮利潤空間。

而且一旦踏上亞洲市場，營業額的激烈波動已無可避免。競爭對手往往只需複製瑞爾的設計，然後以更低的價格銷售幾乎相同的軸承產品，就能搶走瑞爾的生意。這也破壞了瑞爾決定進入亞洲市場時的布局，「我們原本的策略是希望能一邊維持現有的營運，一邊規畫長期策略，」他說：「我們希望可以不裁員，希望爭取時間讓公司可以邁入下一個階段。」而所謂下一個階段，就是開發新市場及高利潤新產品，讓瑞爾可以順利地邁向未來。「但營業額的激烈波動打亂了我們的計畫，二〇〇〇年公司營業額大增，次年卻急速下滑，然後反彈回升，之後又再度下滑，如今又回升。產量、價格壓力、營業額波動、大量投資，以上種種因素，迫使我們得投注所有心力開發亞洲業務，根本沒辦法有多餘的力氣尋找新機會。」

牆上貼滿了標語，又有什麼用？

話說回來，員工們輕忽市場競爭的嚴酷，未能及時採取必要的行動，會不會正是因為瑞爾公司標榜小巨人文化才造成的呢？

華舒特承認，其實早在兩位創辦人退休前，董事會就已經開始擔心員工生產力下滑的現象。瑞爾公司太強調員工生活品質，卻沒花費足夠時間開發新產品、新市場、關注公司的財務需求。「我們對於組織管理太放任了，」他說：「不論誰來當執行長，如果無法有意識地管理好公司，就無法維持企業的價值和財務穩定。」

那一天，我去參觀了瑞爾公司，可以看出在新任執行長唐諾森的領導下，公司確實努力地強化組織管理。四處可見各式各樣的圖表，都是我之前沒見過的。特別是產品製造區的牆上，貼滿了記分板與改善樹狀圖。雖然早在多年前，瑞爾就推行多項計畫改善生產效率，但直到二〇〇五年一月，才開始全公司推動精實生產計畫，當時正值公司最後一次減薪，威克史多姆和卡爾森擔任共同執行長。「我相信這麼做可以挽救我們的工作。」擔任生產線領班的唐尼．圖爾克斯（Donny Thoulkes）說道。

他或許是對的。拜精實生產所賜，產品製造團隊雖然刪減了四〇%的人力成本，卻能創造雙倍的產出。唐諾森非常支持精實生產計畫，即便他必須一大早在現場輪值。我採訪他時，他才剛結束軸承組裝線上凌晨四點到早上七點半的輪班。「這很重要。」他說。

我完全可以理解他為什麼這麼說。擔任執行長至今兩年的時間，他仍在努力讓瑞爾員工對他有信心。為什麼董事會要捨棄共同領導的做法？至今公司未有任何說明。目前公司雖然號稱有所謂「瑞爾領導團隊」，成員包括唐諾森及其他資深主管，像是唐諾森在前公司柯達的同事凱爾．史密斯（Kyle Smith，二〇〇六年接受唐諾森的延攬，加入瑞爾擔任總裁一職），但對於曾經歷三位執行長共同領導的員工來說，唐諾森很明顯才是最大的老闆——公司內大小事他都管、重大決策不再諮詢他人意見、人事調動也是他說了算等等。這一切，都完全和瑞爾公司過去的文化背道而馳。

「你必須身在其中才有辦法理解，」喬．阿諾說：「新來的人無法理解有何差別，其他人又無法解釋清楚。我們曾經歷過那段輝煌的歲月，你要如何向新人解釋這一切？我終於明白，我必須離開，我在家越來越容易發脾氣，我真的太憤怒了，留下來對我、對我的家庭都很不好。」

堅持初衷，到底好不好？

不論瑞爾是否曾經輝煌，和我先前最後一次拜訪時比起來，這家公司的確已經徹底改變了。歷經財務危機與領導權更動，同事之間不再像過去那樣彼此信任。這代價太過高昂，因為沒了信任，就無法成為小巨人。

信任一旦失去，往往很難重新建立。如果再加上領導者對於問題根源及解決方案無法達成共識時，就更無解了。瑞爾的管理階層、董事會、創辦人之間正是如此，唐諾森認為，如果全力衝刺筆記型電腦軸承業務、提高生產效率，業績必定能反彈回升。但自從唐諾森擔任執行長以來，董事會對於他所採取的策略，意見一直分歧，有些董事認為應該要給他足夠時間執行他的計畫，有些董事卻認為他就是問題的源頭。而三位創辦人更擔憂的，是企業文化改變所造成的傷害，畢竟那是他們創業的初衷。但是，他們不知道該如何解決問題。他們決定復出，回到董事會一段時間。

「如果我年輕二、三十歲，坐上唐諾森現在的位置，我真希望有足夠的智慧說：我不屬於這裡，」創辦人之一的華舒特說：「公司現在需要的，是我不擅長的領域，也可以說是我不喜歡的領域。我不喜歡搞複雜的組織結構，我厭惡在3M時必須每季做報告，瑞爾當年在不搞組織結構的情況下成長到如今的規模，沒想到今天卻需要搞組織結構。」

「我們的時代已經過去，」李・強森說：「公司需要新的技能，邁入新的階段，有很多同事寫電子郵件給我，謝謝我們共同創造了公司那段美好的歲月。他們都理解公司需要改變，但我希望不變的是，我們對於彼此的尊重。」

在當時的處境下，公司總裁、也是第二把交椅的凱爾・史密斯，成了可用的一張牌。如果唐諾森因為任何理由要離開，史密斯可以接下執行長職務，或至少是代理職務。但老實說，董事會也不確定他能不能勝任，他和唐諾森背景相似，而且是好朋友，行事作風卻完全不同。唐諾森強勢，而且口若懸河，史密斯則態度親和、喜歡共同決策，常會調侃自己，很有幽默感，但沒有人知道他的領導能力如何，因為他總是處在唐諾森的影子之下，而且忠於唐諾森。在公開場合，他永遠支持唐諾森。如果唐諾森離開，史密斯有可能帶領瑞爾改善財務狀況，同時不違背創辦人所立下的原則嗎？董事會並沒有足夠的把握。

然而，董事會仍必須做出決定。唐諾森的執行長職務為一年一任，雖然創辦人都傾向由史密斯接手，但二〇〇八年春季，意見分歧的董事會仍然決議讓唐納森續任執行長，希望未來一年能有所改善。

可惜事與願違。在唐諾森領導下，瑞爾比過去更依賴筆記型電腦軸承業務。這項業務在公司整體營收的占比從二〇〇五年的三九％，攀升至二〇〇八年的五一％，但平均毛利率過低，生產越多軸承賠越多錢。

除了軸承產品的業務發生問題之外，瑞爾還要面對歷史上最嚴重的金融風暴。二〇〇七年十二月美國開始經濟衰退，二〇〇八年九月十五日雷曼兄弟倒閉，經濟跌至谷底，瑞爾顧客紛紛取消訂單。隔年一月，唐諾森和領導團隊不得不接受現實，瑞爾啟動史上第一次裁員計畫。但這還不夠，他在接下來的三月和五月，進行了第二次與第三次裁員，全公司一百七十二名員工當中有七十四位因此沒了工作。

別怕營收下滑，要緊盯毛利好壞

二〇〇九年三月，董事會決定不再讓唐納森續任執行長。當時的瑞爾公司，資產負債表一團糟，舉債金額已達到資產上限，現金流吃緊。接任執行長的史密斯，花很多時間把帳理清楚，然後一一通知債權人壞消息：瑞爾將無法準時還錢，只能先支付一部分，其餘的日後再分期償還。

就在執行長換人後幾個星期，一位銀行業務代表來到瑞爾，當時公司陷入嚴重危機，已經是再清楚不過的事實。史密斯已經做好心理準備面對最糟的情況，當這位業務代表警告史密斯，銀行已經失去耐性，史密斯連眼睛都沒有眨一下。史密斯能做的有限，只能面對現實，告訴銀行業務代表接下來他會採取哪些行動解決問題，包括裁員計畫以及削減成本。「他希望知道我們的下一步行動，我告訴他，我會大幅刪減成本，」史密斯說：「我列出了一長串接下來要進行的計畫清單，我想他或許會懷疑我們能否落實計畫，但他一定看到我們並非只是坐在那裡什麼事也不做。」

那次的說明想必相當成功，因為接下來幾個星期，銀行並未採取什麼動作。這也讓史密斯有時間執行他的長期計畫，包括逐步退出筆記型電腦軸承市場。「我很確定筆記型電腦軸承市場已經一片紅海，」他說：「瑞爾在某些領域做得非常好沒錯，但在激烈競爭的市場上拚價格，並非瑞爾擅長的事。」公司必須創造足夠的毛利去發展科技創新，這是瑞爾的最大特色，也是瑞爾的商業模式核心。光靠筆記型電腦軸承產品的毛利，不足以讓瑞爾維持健全的發展。

然而，退出筆記型電腦軸承市場，說得容易，實則困難。畢竟，這是公司收入的主要來源之一。瑞爾接到一筆訂單後，六個月內便可取得現金。相反地，客製化軸承產品（例如為汽車客戶設計的軸承產品），從接到訂單到收取現金，可能需要兩年時間，但這種客製化的訂單，可以創造公司需要的毛利率，而且產品生命週期長達七年，遠高於筆記型電腦軸承產品的十二至十八個月。長期而言，史密斯希望瑞爾多數的業務聚焦於高毛利產品，而且是顧客樂於付錢購買、具有附加價值的產品。

從低毛利的筆記型電腦軸承業務，轉向其他高毛利的產品，需要花費長達數年的時間。史密斯認為有必要告訴瑞爾的客戶，讓他們知道公司政策的轉變。於是他飛去上海，和戴爾電腦的供應鏈主管開會，並向對方保證接下來瑞爾仍會持續提供如同過去一樣的高服務品質，但是價格「必須與我們在市場上的定位相符合，你知道，我們是最好的」。

這點顧客不否認，過去幾年瑞爾製造的數百萬筆記型電腦軸承產品，瑕疵率非常低。「但是，我們不可能支付更高的價格。」顧客回答。史密斯說，這完全能理解，「但可以確定的是，大約十八個月後我們的筆記型電腦軸承業務，將會從目前的主要業務減縮為接近零。」

他也向董事會傳達相同的訊息：「至少未來兩年的時間，我們的營收會縮水，但之後會再恢復正常，我會改善公司的資產負債表，將部分現金存放於銀行，然後運用這些資金，創造新的成長。

但這是長期規畫，如果你們要的是短期奇蹟，那麻煩另請高明。」

在當時，董事們都明白史密斯是當時口袋裡最好的人選了。果然，就在他執行改造策略、堅守價格之後，公司營收開始下滑，毛利緩步提升。儘管如此，史密斯仍然時常在想，董事會是不是對他信心不足，因為他們常會問他：「我們會成功嗎？」

「我不知道，我們的處境相當艱困，我必須花很多時間管控現金，有顧客積欠我們超過七十五萬美金，而且看來不打算還，」他回答：「我很樂意對你們說別擔心，不會有事，我也會盡一切努力讓公司順利度過難關，但我畢竟不是神仙。」

這家小酒吧，志氣比天高

如果瑞爾公司是無法守住毛利率而陷入危機的案例，那麼另一間小巨人上演的，就是因為不了解資產負債表而引發危機的故事。

這家公司叫作「尼克披薩酒吧」（Nick’s Pizza & Pub），分別在芝加哥琉璃湖（Crystal Lake）西北郊區以及艾爾金（Elgin）開設餐廳。前一版《小，是我故意的》中提及的小巨人特質，尼克完全具備，但我在二〇〇九年秋季拜訪這家公司時，發現了這家公司的另一些特質。

創辦人尼克．薩里羅（Nick Sarillo）目前在酒吧與餐廳小有名氣，很多人都來學習他的管理方法。因為在餐飲業，每年平均員工流動率為一五〇％，但尼克披薩酒吧的流動率卻僅有二五％。就每間店面淨營業獲利率來看，業界平均為六．六％，薩里羅的店平均為一四％，有時甚至高達一八％。這家擁有十五年歷史的公司，每間店面的營收（頭三年每年平均達三百五十萬美元），也遠高於美國其他獨立披薩店。

當過建築工人、父親也曾開過披薩店的薩里羅，將成功歸因於企業文化以及他從小所接觸到的經商之道。「我認識的每一位老闆都對我說：沒有人會像老闆那樣努力工作，沒有人會像老闆那樣在乎公司，」薩里羅說：「他們都警告我『小心一點，一定會有員工偷東西』，這種話我聽太多了，但我要證明他們是錯的，我希望創造一個環境，讓每個人都願意努力工作、在乎公司，他們享受工作、感覺快樂，完全沒有偷東西的動機。如果我無法創造這樣的工作環境，就不會想創業。」

他甚至希望，可以讓自己的餐廳成為某種社區活動中心。他有三個小孩，他發現周圍沒有任何餐廳適合家庭聚會、讓小孩遊玩、讓父母好好用餐。因此現在他每星期會在餐廳舉辦聚餐會，每年會贊助二到三項大型慈善活動，並將所得全數捐出。「只要是好的慈善計畫，我從沒見過他們拒絕協助。」琉璃湖市長艾倫．謝普雷（Aaron Shepley）說道。

在這樣的工作環境下，很多人都想當他的員工，大約每十二位應徵者，只有一位被錄取。幸運成為員工的人，有機會體驗薩里羅的「信任與追蹤」（trust-and-track）管理方法，他會教員工方法，然後信任員工能遵循這些方法工作，一起打造更成功的公司。這與別的公司採取「命令與控制」（command-and-control）不同，「命令與控制」法意味著公司的成敗是老闆的責任，員工只要聽命行事就好。

教育訓練是這套「信任與追蹤」法的重要成功關鍵，薩里羅設計的教育訓練課程相當精細、嚴格、而且有延續性。這項課程的第一階段取名為「一〇一」，首先是兩天的職前訓練，然後是四小時在廚房現場的密集訓練，每個人必須學會基本的披薩製作過程。之後新進人員會分成不同的工作群組，進入下一階段、名為「二〇一」的課程，接受特定工作的訓練，並取得認證。

舉例來說，負責製作披薩的人必須花費二到五個星期，才能達到一定的熟練度，取得認證，之後才有資格獨自製作披薩。如果他在其他兩項工作也取得認證，例如沙拉與三明治製作，那麼他的時薪便可由原本的八美元，調升為八・二五美元。如果他在六項工作職務上都取得認證，時薪便能調漲至九・五美元，並領取一頂紅帽（在此之前，他只能戴著黃褐色帽子）。如果取得九項職務的認證，便可領取一頂黑帽，時薪也將調漲為十一美元（這是我拜訪公司時的數字，後來薩里羅調高了整體薪資）。

完成二〇一訓練課程之後，員工可自行決定是否要繼續接受「三〇一」的訓練課程，成為訓練師，並擁有多項福利，包括共享利潤、依照自己喜好排進度的資格。為了維持訓練品質，訓練師必須至少取得一個項目的認證，達到「精通」的程度，也就是說，他必須取得最高的評分等級（一到五），並閱讀喬治・李奧納多（George Leonard）撰寫的《把事做到最好》（*Mastery: The Keys to Suc-*

cess and Long-Term Fulfillment）。

一般來說，年營業額不到七百萬美元的企業，很難有如此完整的教育訓練規畫。尼克所有的管理系統，包括雇用、庫存管理、工作場合的衝突化解等等，都是在其他公司所無法見到的。每一件事公司都經過周詳的思考、定義、與教導，甚至包括接待客戶的最佳方法。

就以廚房的開門與關門為例，在典型強調控制與命令的餐廳，老闆負起一切責任，決定好一長串待辦事項清單，然後告訴每個人要做哪些事。相反地，在尼克披薩酒吧，餐廳內的每位員工都會負起責任，所有人共同建立一套精密的管理系統，確保每天要採取的不同行動步驟。

當時，公司有七成員工不到二十五歲，負責的都是最低薪工作。但這些年輕人很少抱怨，他們喜愛這樣的企業文化。「當我來到這家公司，我真的不覺得自己是來工作的，」二十五歲的服務生歐布蕾・朱迪森（Aubrey Judson）說：「我男友無法理解，我真的很喜歡待在這裡。」她平常在一家線上廣告公司上班，只有週末時來兼差。不僅員工喜歡薩里羅經營企業的方式。「有家長跑來告訴我：『我不知道你對我的小孩做了什麼事，但請繼續這樣做。』」他說。

可惜……不會看財報

正如同許多新創企業，薩里羅有遠見，是優秀的銷售人員，卻沒有任何財務背景，不知道要如何定期檢視哪些財報，也不知道要注意哪些數字。他真正懂的是建築，第一次為餐廳舉債融資的方法，就和用房貸買房一樣。二〇〇〇年他再度融資二百萬美元，把餐廳規模變成原來的兩倍大。

這還只是開始，薩里羅的目標是在二〇一〇年之前，達到五家餐廳的目標。二〇〇三年他認為已經準備好，選定艾爾金附近一處理想的地點開第二家店。他預期艾爾金一帶將會有爆發性成長，於是向另一家銀行借了八十萬美元買土地，然後向十位投資人募集一百萬美元、向中小企業管理局（Small Business Administration）申請一百二十萬美元的貸款、同時向銀行申請一筆建築貸款，最後總投資金額為四百七十萬美元。

第二家尼克披薩酒吧於二〇〇四年四月開張。之後他把眼光投注到芝加哥，二〇〇六年他決定租用一塊土地，作為位於芝加哥市西北方的尼克披薩酒吧擴張之用。他向拉塞爾銀行（LaSalle Bank）申請二百萬美元的建築貸款，貸款仍在審核中，他已經開始裝潢餐廳，所以他轉而運用艾爾金銀行提供給他的五十萬美元信用額度應急，心想著只要拉塞爾銀行貸款通過，就有足夠現金了。

但是，貸款從未通過。因為正巧就在那段期間，拉塞爾銀行被美國銀行收購，而美國銀行一直拖到二〇〇七年十月購併案完成後才重新審核薩里羅的貸款申請，而且不斷提出新要求，例如要他先自籌一百萬美元，銀行才肯借錢給他。但他沒法籌這麼多現金，銀行也因此駁回他的貸款申請。

少了這筆原本預期中的錢，薩里羅只好暫停芝加哥店面的擴張計畫。當時已經是二〇〇八年九月，美國經濟陷入嚴重衰退，九月十五日雷曼兄弟宣布倒閉之後更是如自由落體般跌至谷底。接下來兩年，薩里羅努力維持既有兩家店面的營運，但最終功虧一簣。二〇一一年春季，薩里羅從佛羅里達旅行回來，發現現金流量表有八萬七千美元缺口，再加上前兩個月公司營業額未達目標，造成公司的現金比預期短少了二十萬美元。

薩里羅的處境每下愈況，他唯一的希望是撐到秋季，屆時沃爾瑪百貨將會在艾爾金開設一家「超級中心」。他聽從首席財務顧問的建議，申請了一筆三十萬美元的橋梁建造貸款，同時透過朋友介紹，他找上了諾姆·布羅斯基。

學會看財報，才能明白真正的風險

布羅斯基自己就曾有過擴張太快的慘痛經驗，在過程中他學到的教訓之一是：看懂資產負債表很重要。他領悟到，公司破產是可預見的，但如果經營者打從一開始就注意資產負債表的數字，就可能不會落入這般境地。但很多人往往不理會報表，一心一意只想要盡快達到擴張的目標，也因此看不見自己正面臨的風險。

布羅斯基將失敗謹記在心，二〇一一年三月接到薩里羅電話後，他要薩里羅帶著公司的財務報表去找他。「公司整體的獲利和虧損是多少？」他問，但薩里羅無法回答。「資產負債表在哪？」他又問，但薩里羅不太懂他的意思。「我需要知道你的資產和債權，」布羅斯基說：「你的負債是多少？」

最後，薩里羅終於算出布羅斯基要看的數字。布羅斯基看了一眼，馬上知道了問題所在。薩里羅當時有高達三百萬美元的負債，每年的利息超過十五萬美元，實際上每個月虧損將近三萬美元。布羅斯基斬釘截鐵告訴薩里羅：不會有任何頭腦清醒的投資者願意給他三十萬美元，就算沃爾瑪百貨超級中心的開幕，可以讓業績成長二至三倍，仍無法挽救他的公司。布羅斯基建議：找投資人談談，把債務轉為股權，然後找銀行重新協商。

就算是如此，前途也不表樂觀。「你需要的是奇蹟。」布羅斯基說。

布羅斯基的評估結果，讓薩里羅感到不可置信，但他也很感謝布羅斯基告訴他赤裸裸的真相，不知什麼原因，他自己的私人財務顧問從來沒告訴他這一切。從驚訝中恢復鎮定之後，他開始盡所能地削減人事成本、提升營業額，同時遵從布羅斯基的建議，盡可能降低負債。他努力說服債主們接受以債換股的做法，但銀行（他總共積欠二百五十萬美元）及中小企業管理局（一百三十萬美元）不願意。

一整個夏天，薩里羅嘗試各種方法與銀行協商，但徒勞無功。與此同時，公司一直未能達到預期銷售目標，現金流量預估的結果顯示，公司已經越來越接近無法支付員工薪水、必須被迫關閉餐廳的下場。龐大的壓力，導致薩里羅的健康亮起紅燈，那年九月，薩里羅因為劇烈的背痛而被診斷出椎間盤突出，住院十天後他回到公司，營運未見改善。九月二十三日，他重新檢視現金流，發現接下來兩星期內公司的現金將短缺十二萬八千美元。如果情況繼續惡化，十月的第一個星期他將沒有足夠現金支付薪水。

薩里羅想到一個方法，也許能讓公司不破產，但風險極高：訴諸顧客。儘管心中充滿不確定，但他仍坐下來寫了一封長信，說明公司的情況，強調會為所有的錯誤負起一切責任，並請求顧客在未來三到四星期，協助提高公司的營業額。他將電子信件的內容轉給公關部門的員工看，所有人都覺得他瘋了，這封信只會火上加油，在財務危機之外引發公關危機，勢必讓員工和供應商更不安心。

但思考了一整天，和幾位朋友討論過後，薩里羅仍然決定出手。畢竟，在當時，他還有什麼可失去的？

只有六個客戶？難怪被吃得死死的

正如同我先前提到的，對於小巨人企業而言，除了確保毛利率、擁有健康資產負債表之外，還必須遵從第三個指標：擁有穩固的商業模式。這個指標乍看之下有些奇怪，因為所有小巨人企業打從一開始都有穩固的商業模式，否則無法生存夠久的時間，也不會被視為成功的小巨人企業。但是要知道，環境會改變，產業結構會改變，科技也會改變。過去曾穩固的商業模式，曾以你意想不到的速度變得不再可行。你勢必得做某些不愉快的決定，調整你的商業模式，否則無法繼續經營。

瑞休影片製作公司在二〇一二與二〇一三年初，面臨的正是同樣的難題。自二〇〇三至二〇一三年之間，高達十幾家視覺特效公司倒閉或申請破產保護。這麼高的倒閉數字顯示，傳統視覺特效產業的商業模式已經出了問題。

瑞休公司是那種必須依靠大型專案才能存活的企業，當時潛在顧客只有六家：二十世紀福斯、華納兄弟、派拉蒙、環球、哥倫比亞（索尼）和迪士尼。如果沒有這些顧客，視覺特效公司早就沒戲可唱，也因此在競標或談判合約時，幾乎沒有什麼籌碼。大牌影星可以要求分享主演電影的票房利潤，但視覺特效公司完全沒法提出同樣的要求，儘管他們的貢獻往往更大。電影公司為了取得更好的條件，還訂出了所謂的「固定價」（fixed-bid）合約，也就是說，一旦出價被接受、合約也已簽訂，視覺特效公司就不可以再以任何理由要求提高價碼。要知道，電影製作過程中案子難免會拖延，過去視覺特效公司可以要求一筆「超額費」，但現在很難再拿到。

何況，隨著電影製作技術的發展，視覺特效公司越來越難事先精準預估需要的工作量。「通常我們拿到劇本後，製作分鏡表，定好三幕劇的內容，然後開始拍，」約翰．休斯在紀錄片《少年PI之後》（*Life After Pi*）中談及電影工業的問題時說：「但在確定三幕劇的內容之前，你很難採取固定價格以及固定期限的合約模式，因為電影公司和導演對於劇情都還沒有達成共識。」

再加上，現在很多城市爭相提供優惠補助給電影公司，希望能到當地拍攝電影。當越來越多電影製作的地點選在好萊塢以外的地方，好萊塢視覺特效公司的壓力自然更大，因為遠地工作勢必導致成本增加。舉例來說，加拿大有一個城市曾提出這樣的優惠條件：如果視覺特效作業在當地完成，電影公司可獲得二〇%的補助。換言之，假如視覺特效費用是一千萬美元，電影公司只需要付出八百萬美元即可，剩下兩百萬美元當地政府會補貼給當地業者。但如果讓加州的視覺特效公司來做，同樣價值一千萬美元的視覺特效，卻只能取得八百萬美元的費用。因此，瑞休被迫跟著在加州艾爾賽貢多總部以外的其他國家設立工作室，包括印度、馬來西亞、加拿大、台灣。

而且整個過程完全沒有容錯空間，無論電影公司延遲或取消拍攝，視覺特效公司都得吞下龐大支出。二〇一二年，瑞休公司就是陷入這樣的危機。「專案延遲了二十個月，每個月的開銷大約是一百二十到一百六十萬美元，我們等於額外負擔二千四百到三千萬美元的成本，」休斯說。他帶著投資銀行家，親自飛到中國四次、香港兩次、台灣兩次，希望可以募集到足夠資金。「我已經有心理準備，如果有人願意投資我們需要的一千五百萬到二千萬美元，我便以一美元的價格出售我的股票。」

有好幾次，投資人表示有意願，但卻在最後一分鐘反悔。有位投資人甚至已經要了電匯和銀行帳號資料，並承諾星期一匯款，但從此之後再也沒有下文。

隨著財務缺口越來越大，休斯可選擇的解決方案越來越少。「我們能做的包括：員工減薪、裁減部分人力，或是重新談合約，要求員工超時工作但不支付加班費，」他在紀錄片《少年PI之後》中說：「要做出這些決定很困難，我覺得一旦採取以上任何一種做法，都將徹底改變瑞休的企業文化，摧毀瑞休。」

最佳特效獎得獎的是……一家破產的公司！

形勢比人強。二〇一三年二月八日星期五，休斯面帶愁容，召集全公司超過七百名員工開會，宣布將延遲發放薪資。至於會延遲到何時，他也不知道。當時，他和員工之間已建立穩固的信任關係，因此員工的反應是焦慮、憂傷多於憤怒。「我在這家公司很長一段時間，我知道這是約翰最不願意做的事情，」動畫主管麥特・舒姆威（Matt Shumway）：「當你知道情況有多糟時，才真正明白問題的嚴重性。」

「過去我們也曾遭受挫折，」數位部門主管麥可・康納利（Michael Conelly）說：「過去我們都化險為夷，但這次真的不一樣了。」

公司實際上的狀況，遠比休斯透露的還要嚴重。就在全公司大會結束後兩天，休斯和管理團隊開始進行原本一直希望可以避免的裁員計畫。他們聯繫數十位員工和主管，告訴他們星期一不用來上班，因為他們被解雇了。在短短三小時內，總計有二百五十四位員工遭到裁員。員工開始瘋狂地相互打電話，確認誰會留下、誰要離開。星期一，休斯召集留下來的員工再度舉行全社大會，他和高階主管向員工說明公司的財務狀況，同時告知員工，公司將根據美國破產法（U.S. Bankruptcy

Code）第十一章的規定，申請破產保護。依照申請文件的內容，公司當時擁有價值二千七百五十萬美元的資產，三千三百八十萬美元的債權。公司仍可繼續運作，是因為已經有三家電影公司共支付了大約二千萬美元的費用，希望瑞休公司完成手邊的案子。

瑞休公司申請破產保護的消息，如同海嘯一般震驚了視覺特效產業。第一波裁員進行的當晚，瑞休公司其中一組團隊正在倫敦的英國電視電影藝術學院（BAFTA）頒獎典禮現場，以《少年PI的奇幻漂流》電影作品獲得二〇一三年最佳特效獎，這個團隊後來也以《少年PI的奇幻漂流》和《公主與狩獵者》（*Snow White and the Huntsman*）兩部作品，入圍奧斯卡獎。二月二十四日星期日，《少年PI的奇幻漂流》一舉奪得奧斯卡最佳視覺特效、最佳攝影、最佳導演三大獎項，瑞休視覺特效團隊主管發表得獎感言時，曾試圖要談一談公司破產以及產業面臨的困境，結果卻被電影《大白鯊》（*Jaws*）的主題曲給硬生生截斷（譯註：這一屆奧斯卡頒獎典禮上，當得獎人發表感言超時，現場會播放《大白鯊》主題曲作為提醒）。另外兩位得獎人甚至完全沒機會提到，得獎電影有七五％的畫面都是特效的功勞。

一個月後，瑞休公司被拍賣，最後由普拉納視覺特效公司（Prana Studios）旗下的子公司以三千萬美元得標。雖然新雇主保留瑞休公司名稱，並大量回聘先前遭到解雇的員工，但我在前版《小，是我故意的》所寫的那間瑞休公司，已經灰飛煙滅了。

現在，我只想把錢放在銀行……

假如時光倒流，瑞休有可能避免破產的命運嗎？約翰．休斯一直在思考這個問題。

正如同瑞爾公司的領導者，因為擔心辛苦建立起來的企業文化被破壞，休斯直到走投無路才願意裁員。「結果呢？大家都看到了，照樣得申請破產保護，」他在紀錄片《少年PI之後》中的訪談說道：「到最後，我還是毀了瑞休。我應該更果決，努力保住瑞休才對。」

破產的痛苦仍舊揮之不去。「你知道，我們為了這群夥伴而創辦這間公司，然後……」他停下來，調整眼鏡，眨眼不讓眼淚流下來：「然後我們卻傷他們如此之深，這完全違背我們當時的初衷。」

導致企業失敗的原因，不會只有一個。瑞休破產的根源，在於不穩定的商業模式，使得公司無法維持良好的毛利率和資產負債表。瑞爾公司則是因為無法維持良好的毛利率，傷害了原本穩固的商業模式，迫使公司必須依靠舉債，最後導致資產負債表出現失衡。

幸運的是，二〇〇九年初期，瑞爾採取了必要的痛苦手段，努力讓公司起死回生。史密斯獲得銀行和董事會信任，願意給他足夠時間證明他的改造策略是否奏效。他定期與兩位董事會成員會面，並獲得他們的支持，這兩位董事分別是創辦人鮑伯．華舒特以及聖湯瑪斯大學教授麥可．諾頓（Michael J. Naughton），後者後來擔任公司董事長。一年之後，瑞爾公司的現金流和毛利獲得顯著改善，證明史密斯的計畫是正確的。但儘管如此，營業額在二〇〇八到二〇一〇年，仍大幅下滑了二九％。「營業額當然很重要，但我很清楚這策略要發揮效用，就算不要兩年，也得有十八個月的時間，」史密斯說：「如果一定要捨棄某樣東西，我會選擇犧牲營業額。毛利率是我唯一在意的財務指標，如果沒賺錢，就不要做。我對大家說：現在我只想把錢放在銀行，如果不這麼做，以後我們什麼事也做不成。」

二〇一三年春季，改造計畫完成。營業額回升，毛利率也穩定成長，幾乎是二〇〇九年的兩倍。當年公司陷入危機時，員工被迫降薪、減少福利，現在擁有較多現金之後，史密斯最先恢復的就是員工的薪資與福利。他也努力減少負債，創造足夠的現金盈餘，改善資產負債表。

至於公司的企業文化，也逐漸恢復了，只是還有一段長路要走。當年的裁員行動，讓公司「建立一個讓員工可自由成長，充分發揮潛力的工作環境」的「初衷」成了笑柄。再加上當初第一波和第二波裁員做得不夠徹底，導致必須進行第三波裁員行動，惡化公司內的不確定與焦慮感。不過，在全球員工服務資深副總裁莎瑞．艾爾德曼（Shari Erdman）的協助下，史密斯努力地重新建立瑞爾成立時所堅持的原則。二〇一四年，員工士氣已大幅提升。

至於同樣曾陷入破產危機的尼克披薩酒吧，薩里羅很感謝他的工作團隊，因為就在他寄出請求顧客購買更多披薩、協助公司度過難關之後，不到五分鐘內，電話鈴聲此起彼落地響起。成群的人潮湧進店裡，有些人甚至支付高於帳單金額的費用，等待時間長達兩小時。許多公司行號預訂宴會，董事會和員工打電話給薩里羅的銀行，要求銀行協助尼克披薩酒吧度過難關。粉絲們更在臉書上成立尼克披薩酒吧專頁，發起「披薩狂歡」（Pizzapalooza）臉書活動，有兩家全國性有線電視台報導了薩里羅主動寄出電子郵件並獲得熱烈回響的故事。

第一個星期，營業額成長為兩倍，比起平常營業額高出一〇〇％，接下來五星期的營業額，比起琉璃湖店面高出一〇五％。業績的回升讓薩里羅有足夠時間，在會計師協助下重新擬定商業計畫。這位會計師是得知薩里羅的困境之後，主動無償提供服務。薩里羅和會計師一起前往銀行說明計畫，最後讓銀行同意薩里羅未來一年只需還息不還本，大大減輕薩里羅的負擔。銀行也同時建議中小企業管理局，展延薩里羅的還款期限。隨著負債減輕，危機減除，業績趨於穩定，薩里羅再度將重點放到他的人生使命上：建立團隊、提供美味食物和優質服務給顧客、為社區提供溫暖的活動場所。

如今，他比危機發生之前更有智慧。最重要的是，他已經明白了：**小巨人要獲得成功，必須注意資產負債表、確保毛利率，並擁有一個穩固的商業模式。**

第8章

有一天你不在了，公司會怎樣？

交棒？交給誰？怎樣交？

如果我在一九九二年就開始寫這本書，我很可能會把位在加州帕洛奧圖的大學國家銀行信託公司（University National Bank & Trust Co.）也收入書中。雖然這是一家公開發行公司，但在其他方面全都符合小巨人的特徵。《企業》雜誌在一九九一年報導過這家銀行，因為他們成功證明了一個再簡單不過的概念：「限制成長，比快速成長帶來更多機會。」

但就在一九九二年，事情有了變化。

當時，大學國家銀行信託公司已成立十二年。這家銀行與創辦人卡爾．施密特（Carl Schmitt）都很受敬重，主要得歸功於湯姆．畢德士以及《實現創業的夢想》（*Growing a Business*）的作者保羅．霍肯（Paul Hawken）。兩人在書中特別提到大學國家銀行信託公司，讚美這家銀行有趣的企業文化、顛覆傳統的行銷技巧以及卓越的顧客服務。

這家銀行的商標，是一個飛碟撞牆圖案，飛碟裡坐著外星人。這圖案原本只是銀行建築外牆上的壁畫，後來印在銀行發行的信用卡上，非常特別。創辦人施密特說，這家銀行是一家「非可樂銀行」（Un-cola banking），銀行卡車的車牌上面還寫著UNBANK，處處強調自己有多麼不像傳統銀行。卡車兩側的漫畫也很有趣，一邊是施密特本人身穿囚衣，關在監獄裡，還在玩撲克牌詐賭，另一邊則是一個資深官員正在印假鈔，身旁兩個人則拿著放大鏡檢查假鈔的品質。

你當然可以更快成長，但那樣就很難有……甜洋蔥

華盛頓州瓦拉瓦拉市，是施密特和太太念大學的城市。每年七月，大學國家銀行信託公司會從瓦拉瓦拉市運來十噸的甜洋蔥，裝在十噸的袋子免費贈送居民，並附上食譜。湯姆・畢德士的辦公室就在帕洛奧圖，他對這家銀行對待客戶的方式感到印象深刻，他認為銀行把客戶視為朋友，而非做生意的對象。「如果跳票，」他在其中一個專欄寫道：「出納員會花五分鐘時間用心解釋銀行為何要收取跳票費用，可能是『你去旅行了』或是『你忘了匯款』，他們都假設你完全不是故意的。」

但外人無法觀察到的，是卓越服務以及奇特行銷風格背後所採取的策略。這不僅是聰明的戰術，也不只是施密特獨特的個性與風格。這其實源自於當初他創業的初衷，正如同伊莉莎白・康林（Elizabeth Conlin）在《企業》雜誌一篇文章中所說的，大學國家銀行信託公司打從一開始就認為

成長是有極限的，當你超過這個極限、成長過於快速，那麼你的客戶服務、工作環境、股東價值，都可能受到折損。「我們當然可以成長更快，但代價很大，」他告訴她：「當你有了規模，就會失去獨特性。」

施密特之所以如此相信，可追溯至他在一九七〇年代擔任銀行的加州監察人。當時他就注意到，相較於大型銀行，規模越小的銀行越能持續創造較高的資產報酬。「他們的表現非常突出。」他說，可能的原因是小型銀行的人事成本低，只專注在特定市場，因此營運更有效率。一旦他們開始追求成長，就會失焦，變得沒有效率，獲利下滑。他認為，銀行如果能堅持專注於特定市場，通常能持續創造顯著的獲利。

施密特決定，要親自測試一下這個想法。他希望成立一家銀行，專攻小眾市場——也就是帕洛奧圖以及鄰近的四個社區，目標是取得一五%的市占率，不會再多，也不會強求，他讓市場來決定需要多久時間達到這個目標。他的首要工作，就是建立企業文化、工作方法、吸引及留住最優秀的人才。他必須確認銀行提供一定水準的服務，這樣顧客才願意光顧。他也要持續創造良好的財務報酬，讓投資人高興。

這項計畫非常成功，主要原因就在施密特身上。他擁有創業者的聰明、精明銀行家的老到經驗、活潑的幽默感以及掌控全局的能力。這些特質使得他能夠吸引你在其他小型銀行絕對找不到的員工類型。他可以從主要競爭對手挖角有經驗的高階主管，例如富國銀行（Wells Fargo），方法是提供非常有競爭力的薪資、創造快樂的環境、讓工作變得有趣。在這裡，公司鼓勵員工運用自己的判斷，採取主動，而不只是當一位被動的資深經理人而已。即使是出納員，也有自由發揮的空間，例如是否要接受一張支票，公司沒有制定一長串規則，而是相信員工的判斷，「企業失敗的第一個原因，就是人們盯著規則以及規章，依照規矩辦事。」他說。

施密特認為，創造良好的工作環境，是他的基本責任。他很清楚，自己的公司無法給員工響亮的頭銜，或是提供他們未來經營一家分行的願景，但他可以做到的是讓員工們擁有很棒的工作條件，包括不錯的薪資、擁有股份、優渥獎金與很多額外福利（例如到高級自助餐廳），以及「大學國家銀行」獎。最重要的，是讓大家感受到工作有樂趣，擁有自由發揮的空間，可以把事情做到最好。結果，銀行的員工流動率近乎零，連出納員（業界平均流動率高達五〇％）也很少離職。

只想貪小便宜、見異思遷的顧客，請吧

對於客戶，施密特的策略也很簡單，就是：創造合理的報酬，讓他們滿意。要做到這點，就必須提供世界級水準的服務，包括大廳地板必須光滑明亮、提供相關商品的代售服務等等。但這不代表公司願意接受每位上門的顧客，那些只想上門購買高利息定期存單的顧客，施密特寧可不要。他想要的，是願意將所有銀行往來業務，交給大學國家銀行信託公司的長期顧客。為了達到這個目

的，他堅持每一位客戶，都必須開立支票存款帳戶，維持最低的餘額，確保顧客不會輕易見「利」思遷，跑去跟別家銀行往來。此外，銀行會嚴格調查對方的信用紀錄，如果信用不良也會加以拒絕。施密特說，這是他控制服務品質的方法。

但只要你成了銀行客戶，就可享有別家銀行所沒有的高級服務。例如，當你不小心跳票或是忘了付款，銀行會很貼心地提供協助。當然，也會收到洋蔥，還有每個月施密特寫給大家的電子報。顯然這招是成功的，大學國家銀行信託公司的顧客流動率不到當地其他銀行的三分之一。

創立十二年之後，銀行股價上漲五〇〇%。從第五年開始，股本報酬率超過一四%，稅後純益中有高達三〇%發放給股東，比起其他相同規模銀行的平均水準高出五%。當銀行達到一五%的市占率目標、不須繼續擴張之後，發放的股利比率提高為四〇%。這也讓股東對銀行非常忠誠，一九八〇年代投資大學國家銀行信託公司的人當中，十一年後仍有高達六三%持有股票，其中有六五%同時也是銀行客戶。對待股東，施密特也同樣幽默。有一年公司公布的年報設計成摺紙，可以摺成銀行造型，屋頂上還有員工揮手。股東樂歪了，「施密特是個瘋子，」董事會成員、史丹福商學院教授喬治·派克（George G. Parker）說。「和他工作真的非常有趣，企業界很少這樣的人。」

然而，施密特很清楚，他的玩笑也只能開到這裡。他心裡明白，如果沒有持續創造高於一五%的股東權益報酬，股東還是會想把股票賣掉。

當然，要創造股東價值的方法很多。例如他可以提供較高利率，吸引那些手上握有大筆現金的基金經理人，購買單筆價值十萬美元的定期存款，然後用這筆錢擴大放款規模。但施密特認為這種資金是「熱錢」，不可能停留在一個地方太久，只要出現更好的機會，這些經理人就會將資金挪往別處。他不要這種類型的存款，因為這種存款會降低銀行的價值。

另一種創造股東價值的方法，則是透過持續創新、提升生產力。這條路比較難，但正是施密特決定走的路。

當魔咒消失，就只剩下遙遠的傳奇故事了

他不想為了成長而成長。他相信，只要努力耕耘，公司自然會進步。這是邏輯與原則問題，他說即使從事的是別的行業，他仍會運用同樣的方法。

「就好比你在河上行船，旁邊不斷有支流出現，」他說：「沒錯，你可能會停下來考慮要轉往哪一條支流，但如果你已經知道旅程最後要到達何處，你就不必理會這些支流，繼續保持在航道上。」你很難再找到比這句話更能貼切形容小巨人的成長哲學了。

話雖如此，他最終仍無法保持在航道上。一九九三年，施密特心臟病發，康復後認真考慮退休。除了工作上正常的壓力與緊張之外，他發現自己越來越不想應付聯邦政府機關，自從一九八〇年代發生的儲蓄貸款危機之後，政府壓力很大，因此對於大學國家銀行信託公司這類銀行管得更

嚴。例如貨幣控管局（Office of the Controller of the Currency, OCC）要求，如果銀行沒有依據聯邦法律的規定提供足夠的貸款給低收入居民，就會被罰款。施密特大罵這樣的政策愚蠢至極，經過九個月纏鬥，雖然贏得勝利，卻也造成了傷害。

「如今我們明白，我們的主管機關，也就是貨幣控管局，是以全國的角度來制定銀行政策，」他告訴股東：「這種制度只會傷害生產力，無法提供顧客們所要的高水準服務。」一九九四年，大學國家銀行信託公司拿掉了「國家」兩個字，成為「大學銀行信託公司」，成為州銀行。施密特認為自己必須淡出銀行日常營運，並且退休。換言之，他得尋找繼承人或是買主了。

他很快發現，後者比前者容易找到。一九九五年一月十九日，股東集聚在銀行大廳，投票支持將大學銀行信託公司賣給位於底特律的一家大型銀行美利加銀行（Comerica），整筆交易金額超過七千五百萬美元，施密特和他的家人可分得九百一十萬美元。

投票前，施密特原本向股東承諾，未來美利加銀行會繼續維持與社區的緊密關係，並提供一流的顧客服務。但事實上在被購併之後，大學銀行信託公司從此在這家大集團中消失，全都變了樣。如今銀行的名稱改叫「美利加銀行帕洛奧圖加州大學信託部」，唯一代表過去大學國家銀行信託公司的東西，只剩下瓦拉瓦拉甜洋蔥袋，仍持續在每年七月時發送。購併後的十年間，總共發出三十萬磅，因為新董事會認為，甜洋蔥象徵著這家銀行傳奇的成功祕密。

犧牲那麼大，你願意嗎？

小巨人最大的挑戰，莫過於永久維持它的魔咒。我們可以想到許多曾經擁有魔咒、卻因為成長與改變而失去魔咒的故事。尤其在所有權與領導權轉移時，想要同時維持魔咒，就格外困難了。

首先，賣方必須做出重大犧牲，例如願意接受較低的股價。畢竟，多數買主會想在買下公司之後增加獲利，最常見的方法就是整併、裁員、削減各種看起來不重要的開銷——包括那些能創造魔咒的事。預期能增加的獲利越多，買方就越願意花大錢來買。相反的，如果買方也同意保留魔咒，很多支出省不下來，自然也就沒有理由付出較高的價格。

其次，就算創業者願意以較低價格賣掉公司，也未必能找到擁有相同願景、熱情與能力、願意保留相同魔咒的適合買主。通常最符合條件的，是原本就在這家公司工作的員工，他們比任何人都了解如何在這個特定的產業創造魔咒，但員工們辦得到嗎？他們具備必要的領導技能嗎？他們有足夠的資源以及需要的支持嗎？還有財務呢？他們接手之後，是否可以創造足夠的現金？

遲早有一天，所有創業者都必須面臨類似的問題。越成功建立魔咒的企業，越難回答這些問題，難怪多數私人企業老闆盡可能拖延接班計畫，往往拖到不得不退休的那一刻才肯面對。但真的到了這種關頭，能選擇的非常有限。就像施密特，最後由於找接班人不容易，只能把公司賣掉。

這本書十年前剛出版時，書中絕大多數企業的老闆尚未感受到接班這件事有多麼困難。雖然其中有三家已經將所有權與領導權轉移給下一代，另外多家也聲稱會在公司創辦人去世或無法工作時組成團隊，暫時領導企業，但絕大多數公司都沒有長期接班計畫，頂多停留在概略構想的階段。「我不可能永遠工作，所以我認為最好先想清楚，」辛格曼的保羅・薩吉諾說：「但是目前為止，我們唯一的出場策略，就是等我死掉再說。」

城市倉儲的諾姆・布羅斯基倒是不特別在意接班問題，他認為，企業能存活多久並不重要，真正重要的是建立典範，讓其他企業學習。他希望城市倉儲的員工將來無論在哪裡工作，都能記得這些原則以及方法。

不過，他是個例外，幾乎所有其他公司的創辦人都說，他們希望看到自己的公司在沒有他們的領導下仍能繼續經營，只是他們還沒想到該如何做。「我們還沒有擬定接班計畫，」聯合廣場的丹尼・梅爾說：「說到這點，我其實是很無感的。」「直到最近我才開始想這個問題，」鍾頭公司的丹・喬巴說：「誰想到我們竟然能存活到今天？」

問問自己，願不願意付出子承父業的代價

「我不知道要怎麼做，」安可啤酒公司的費里茲・梅泰說。當時他已經六十八歲，也很清楚自己得盡快採取行動。「我們公司有自己的個性，我希望能夠繼續維持，我必須花多點時間想想。還

有稅也很麻煩，美國的遺產稅會不會危害小型企業的生存？我認為會。」克里夫能量棒的蓋瑞．艾瑞克森非常同意這一點，他在自己的書中提醒讀者，遺產稅確實會迫使一家公司最後不得不走上被出售的命運。

假設你的公司沒負債，你是唯一股東，公司價值三千萬美元，那麼當你死去，依法你的繼承者恐怕得繳納高達一千五百萬美元的遺產稅。除非你事先做好其他規畫，否則你的繼承者要繳出這麼多遺產稅只有一個辦法，就是把公司賣掉。要避免這種命運，也只有一種方法：事先做好規畫，預先想好當你離開人世時，你的公司會遭遇什麼樣的命運。例如，你可以購買人壽保險，金額足以支付應繳的稅款，而且這份人壽保險不能計入你的財產中。在任何情況下，你都需要一位財產規畫員，告訴你該如何處理這樣的難題。

就財產規畫而言，艾瑞克森比書中其他任何一位所有人做得徹底。以他現在的年齡來說，確實令人驚訝。他在四十五歲左右就開始進行財產規畫，之所以願意這麼做，或許與他喜歡攀岩有關。「面對死亡，我非常務實，」他說：「我的理財顧問告訴我，他們有許多客戶不喜歡想到死亡，也不願意去想如果公司沒有了他們會怎麼樣，但是他們很煩惱要留給小孩多少財產。」這正是艾瑞克森及太太凱特所要面對的事，他在書中說：「我的建議很簡單：不論你公司規模有多大，都要找一位顧問，盡快做好財產規畫。如果你希望將這份巨額禮物傳承給下一代，那麼就要負起責任，這是創業者的責任之一。」當然，規畫的過程「非常昂貴，而且沒有結束的一天」，他說：「隨著企業的成長與改變，你必須不斷修正自己的規畫。最重要的，是找到對的人幫你執行。」

財產規畫只是解決接班問題的一部分，好讓你選定的接班人在你離開之後可以順利掌控企業。從家族企業的生存率統計數字就可得知，只有三〇%的家族傳到第二代，三%至五%傳到第四代。如果與其他非家族擁有的企業相較，這個數字還不算太壞，但也顯示出由家族長期持有（如果這是你要的）一家公司，在美國比法國要困難得多。在法國聖塞瑞（Sancerre）的村莊，有兩家成功釀酒廠自一五一三年以來都是由同一個家族所有。每年有部分的時間我會住在這裡，其中一家原本是阿爾峰斯．梅洛特十八世（Alphonse Mellot Xviii）經營，後來交給他的大兒子阿爾峰斯．梅洛特十九世，這是歐洲沿襲已久的長子繼承制傳統，但在美國卻是不可能發生的事。

總有一天，你的公司必須從創業導向，轉型為願景導向

接班的另一個問題，是領導權的移轉。二〇〇四年秋天，艾瑞克森已經將執行長的職務交給雪瑞兒．歐洛夫林（Sheryl O'Loughlin）。歐洛夫林原本是公司的品牌長，已經在公司八年。但私人企業第一次接班通常很少順利成功的，歐洛夫林在這個職位上也沒撐多久。她離開之後，艾瑞克森從行銷部拔擢了凱文．克瑞利（Kevin Cleary），他原本是歐洛夫林找來的人，當了兩年營運長、四年總裁，二〇一三年被任命為執行長。隔年秋天，艾瑞克森非常放心地把公司交給克瑞利，自己

跑到義大利住了一年。他不在美國期間，公司業務照樣蒸蒸日上。

要打造一家有續航力的企業，最好能有學習的榜樣。對克里夫能量棒而言，這個榜樣就是巴塔哥尼亞（Patagonia）服飾公司。該公司創辦人伊凡・舒因那（Yvon Chouinard）以及太太瑪琳達（Malinda）雖然已經有很長一段時間不再過問公司營運，但仍擁有公司股權，並持續研發新產品。巴塔哥尼亞也是經歷了好幾位執行長之後，才找到了理想的營運團隊。

艾瑞克森認為，要保持企業的魔咒，光是找到正確的執行長還不夠，同樣重要的是將願景融入日常的工作中。他和凱特後來想出了足以代表克里夫能量棒願景的五項「渴望」：經營品牌、開發事業、留住人才、維繫社區、保護地球。他們也建立可運用的統計指標，追蹤公司在這五項「渴望」的表現。艾瑞克森說，這些都是接班過程的一部分，「一家公司必須從創業導向，轉型為願景導向，目標是當我們離開時，願景仍存在。」

回到二〇〇五年，艾瑞克森和本章所提的其他許多創業者一樣，仍在思考一種常見的領導權轉移方式：透過員工認股計畫，將一部分的公司賣給員工。一方面，作為員工們過去貢獻的報償，另一方面提供誘因，讓他們為公司的持續發展負起責任。統計顯示，將公司賣給員工的企業，表現通常比賣給外人的企業更好。

問題是，如果沒有良好的配套，員工認股未必能發揮預期的效果。光是擁有股票，不等於會把公司當成自己的。員工必須明白，自己要擔負起什麼責任才行，否則員工認股充其量只不過是退休計畫的一部分而已。當你採取員工認股計畫，一定要知道這意味著兩種負債：第一種，是員工為了從老闆手上買下股票，而必須向外借貸的資金，這筆債務對公司來說負擔不小，有時甚至超出公司的能力範圍。第二種負債，潛在危險更大卻常被人忽略，就是：倘若員工認股計畫如原先預期地運作，將來員工所擁有的股份會是一大筆錢，當這些員工要離開並期望將股票變現，而公司又沒把資金準備好時，往往就得走上賣掉公司的命運，也違背了當初採行員工認股計畫的初衷。

員工認股很好，但如果公司不賺錢，員工持有的只是壁紙而已

書中有兩家公司——艾科及瑞爾公司——正是遇到這樣的難題。兩家公司都在一九八〇年代採行員工認股計畫，今天艾科公司的員工認股占五八％，成了公司最大股東，瑞爾的員工認股比例有四三％，也是最大股東。

我們已經談過瑞爾公司的領導權移轉，但你可能會好奇：瑞爾公司掙扎求生的那六年當中，員工認股計畫受到什麼樣的影響？「我們就像是旱災中飢餓的牛，」史密斯說：「依法我們至少得還利息錢，我們也照做了，但我們拿不出更多錢來填補認股價差，員工認股成了個笑話，沒人當真，我自己就曾經看著對帳單，心想這些股票到底夠不夠我買杯咖啡？」

「我跟董事會說，認股計畫一團糟，但我管不了那麼多了，」史密斯說：「如果我們沒辦法增

加現金收入，說什麼都是假的，因為公司會垮掉。唯一解決問題的方法，就是努力賺錢，這也是我唯一的目標。」

艾科公司的遭遇也差不多。我們已經在第五章討論過艾科公司的領導權改變，創辦人吉姆．湯普森在一九九三年第一次發生心臟病時，將總裁以及營運長的職務交給他的合作夥伴艾德．席曼，他自己仍保留執行長的頭銜。兩年後，湯普森第二次心臟病發，必須進行開心手術，也認清自己必須更進一步退出公司的營運。

「直到手術前，我還會參加每星期與領導團隊的會議以及年度規畫會議，」他說：「這對大家都不好，有時我會失去耐心，我會向領導團隊抱怨，我們沒有盡力快速解決許多顯而易見的問題。例如，我們可能發現某個品質問題或是產品送錯地方，這些問題都不難解決，只是需要專注。我覺得應該快刀斬亂麻，而不是找大家來開會，取得共識。我知道讓員工自己解決，是最方便的做法，但是對我來說這很難做到。這是為什麼我不想待在這棟大樓裡，因為我很挫折。席曼和我的領導風格不同，這一點我花了好長時間才明白。無論如何，公司交給他比交給我要好。我的壓力大大減輕，而他也幫我賺了大錢，我可不想把一切搞砸。」

一九九九年，公司的發展非常順利，湯普森進一步退出公司營運，成為董事長與董事，席曼則成為公司的執行長。同時，他開始思考可能會對公司造成重大影響的問題，也就是如何處理他的股票。他仍擁有五一％的已發行股份，想趁自己有生之年將一部分股份賣掉。問題是，賣給誰？

外面有許多潛在的買家，包括一些大企業，有國內與國外的，都看上艾科公司的發行網絡與產品。其中至少有七家公司定期與席曼或湯普森聯繫，一直追問他：「準備好要賣了嗎？」

「沒有，還沒。」他都這麼回答，然後轉移話題。

湯普森可以採行另一種方法，也就是將股票賣給員工認股計畫。美國有所謂的「一〇四二條款」（指的是《美國內稅法》一〇四二條），假使員工認股計畫的比例超過公司股票的三〇％，營業收入的資本利得稅可獲得抵減。他非常希望可以賣更多，讓員工認股計畫成為公司最大股東。不過也因為有了抵減優惠，外部買主的出價必須比員工認股計畫高出二五％，湯普森才划算。

此外，湯普森還有一個考量：他兒子克里斯於一九九三年加入艾科，三年內，從臨時雇員升為財務長，而且在二十四歲時成為公司成立三十年來最年輕的董事會成員，大家普遍認為克里斯將是席曼的接班人。湯普森也希望給兒子機會，因此傾向將股票賣給員工認股計畫，但員工認股計畫如果要買下他手中的股票，公司必須借貸大約五百一十萬美元才行，湯普森擔心，這一來會讓公司背負過多債務。他來來回回思考許久，評估每種選項的優缺點。

「我告訴爸爸，應該把股票賣給策略性買主，可以賺更多，」克里斯說：「不要因為我而不賣。」

最後，湯普森還是選擇了移轉給員工認股計畫。「其中夾雜著財務、情感及個人因素，」他說：「如果讓克里斯接班，讓他享受經營獨立公司的樂趣，也是非常有意義的事。我個人一直渴望著獨立，我想每個人都這麼希望。有些人也許會寧可落袋為安，才不要為公司的債務做擔保，而且老實說，如果有人開出高一倍的價錢要買我的公司，我也不確定我會怎樣想，但我對公司現在的情況非常滿意，我不需要擁有比現在更多的財富。」」

有時候貪心的老闆可能會占員工便宜，藉機會中飽私囊，讓公司背負巨額債務，反正倒楣的是認股之後的員工。但艾科公司盡一切努力，確保這樣的事情不會發生。

湯普森和席曼將股票賣給員工認股計畫的決定，等於向員工傳達一項強烈的訊息，證明他們對員工的信心與承諾。「他倆的股票本來可以賣更好的價錢，」在工程部門工作，於二〇〇一年加入艾科的陶德．曼斯菲爾德說：「但他們卻將股票賣給員工認股計畫，傳遞出強烈的訊息。我在員工認股計畫中的股份並不多，也許只有幾千股，但對我而言非常重要。每個人都非常重視，這是一件大事。」

員工大大鬆了一口氣，湯普森的決定完全排除了公司在不久的將來被賣掉的可能性。但是席曼預期，公司可能還是會在二〇一五年左右遇上新的難關，因為到了那個時候，公司重要的幹部——包括席曼本人——都已經接近六十五歲了，多數人會希望賣股票變現，然後退休，公司總有一天必須準備足夠的資金支付給這些人。「我必須思考如何付錢給每個人。」他說。

如果計畫趕不上變化，那就……跟著變吧

無論是誰接棒，都得負起解決問題的責任。身為接棒候選人之一的克里斯，也很清楚倘若自己有一天坐上執行長的位子，會面臨什麼樣的挑戰。

「我可以預見，到時候會有很多人離職，」他說：「如果我們的成長速度不理想，恐怕就得把公司賣掉。但這也正是員工認股計畫很棒的原因：大家都願意一起努力提高股票的價值。沒錯，公司會因此而負債，但也因此而加強了償債的能力。我們有很多成長機會，而且我們的文化本來就是要抓住每一個商機。不過話說回來，還是會有人想：不如把股票賣掉，馬上就會變有錢。所以我們很可能有一天，必須面臨賣掉公司的命運，比方說，當有人出每股兩百美元、而不是一百美元的價錢時，我們不能視而不見。」

事後證明，他當時的看法完全正確。短短三年後，也就是本書前一版出版的二〇〇六年，有一家競爭對手想要出售，他們原本打算把對方買下，但在評估的過程中，他們意外發現原來艾科公司的本益比，遠比自己所想像中的高。照他們的估算，艾科公司的股價很可能高達三百美元——相當於原本鑑價一百美元的三倍之多。換言之，如果在二〇〇七年把股票賣掉，員工們所賺的錢相當於接下來十到十二年的獲利總和——假設這十二年的營運不出狀況、繼續成長、順利賺錢的話。

從這個角度來看，他有責任為公司找到理想的買主。於是，艾科公司在隔年九月，成功以每股

三百四十美元的高價脫手了，買主是費城一家由家族第五代接手的投資管理公司，叫作「伯恩企業」（Berwind Corporation），該公司原本是家煤礦業者，目前已經轉型為一家多角化經營的集團，以購併眼光精準聞名。

從財務的角度來說，這筆交易對員工簡直好到沒話說。不過回到當時，席曼與員工們並不知道自己有多麼幸運，因為後來我們都知道，美國陷入經濟大衰退，可以確定如果當時沒有賣給伯恩，員工們恐怕得等很久、很久之後才可能遇到那麼棒的機會。

剛移轉股權那段期間，工作變動幅度最大的人，就是席曼。對於轉變他愛恨參半。一方面，他喜歡購併公司，光是前五個月他就談下了兩筆交易，但另一方面他受不了伯恩所要求的各種複雜財務報表，艾科公司本來就非常重視數據，可是跟伯恩的要求比起來，簡直是小巫見大巫。

再加上經濟不景氣，艾科訂單衰退超過五成。那年四月，公司被迫大裁員，是公司創立三十六年來第一次這麼做，超過一五%的員工被資遣。有人非常憤怒，認為都是換了老闆才會這樣。席曼不否認，股權轉手之後的艾科企業文化的確變了，但是他認為要不是先賣給了伯恩，情況可能更糟。而且，艾科的裁員就只有那一次，為了避免造成員工士氣受影響，執行速度很快，也沒有引起外界注意。

此外，席曼最討厭的工作就是必須經常向伯恩報告業務。在伯恩旗下的企業當中，他是唯一沒有MBA學位、也不是財務背景出身的執行長，而且他平常也不會緊盯著每一個營業數據。「在以前，預算差個百分之一，根本不會有人在意，」他說：「但是現在，往往要花上好幾個小時、甚至好幾天來解釋。」

席曼好幾度跟他的老闆說，乾脆讓他離開，換別人來當執行長好了，但每一次老闆都說服他留下來。席曼有個朋友，有賣掉公司股票的經驗，建議他要待到伯恩把購併尾款付清再走。當年八月，這筆錢終於入帳，艾科的原股東──包括員工們──都順利拿到豐厚的報酬。席曼原本之所以一直拖著沒辭職，就是希望等自己賺到足夠的錢，讓家人可以在不必降低生活品質的情況下退休，他甚至已經有個數字在心裡，只是很久沒有去想這個數字。

「我一直埋頭工作，努力把該做的事情做好，現在我突然抬起頭，看到了帳戶裡的金額，才發現：哇，原來我已經達到目標了！」

二〇〇九年十月十五日，他卸下艾科公司執行長這個他當了整整二十年的職務。他一方面感到驕傲，另一方面也鬆了一口氣。「我之所以感到驕傲，是因為看到我們過去所達成的成就，換了新老闆之後，公司的體質變得更強健。」之所以鬆了一口氣，則是因為卸下重擔之後，公司交給了很理想的團隊。伯恩原本打算到外部徵才，但最後決定從公司內部拔擢負責歐洲業務的克力斯・馬紹爾（Chris Marshall）來接掌執行長，克里斯・湯普森則升為總裁，負責掌管美國市場，後來還高升為艾科集團的行銷業務副總。

以為天上掉下來禮物，誰知道原來是個燙手山芋

我們在這本書裡花了很多篇幅，探討這些創業者如何打造魔咒，以及他們的接班人如何延續魔咒。不過，**延續魔咒不等於公司不改變**。正如我們在第七章所看到的，光是有魔咒，無法讓公司免於市場的挑戰。所有小巨人都必須和其他企業一樣，在激烈的競爭環境中調整自己。只不過，這種有魔咒的企業會比別的競爭對手更容易找到調整的方法。

通常，第一代創業者的表現會比較好，但他們的優異表現往往正是接班人最大的阻力，尤其在公司必須大幅改革的情況下。這，正是歐希泰納第三任執行長肯特．莫達克（Kent Murdock）所面臨的困境。

他是在一九九七年，也就是創辦人泰納逝世四年後，接任執行長的職務。公司所處的市場變化極為快速、幅度極大，莫達克明白，除非進行全面改變，否則公司的魔咒以及生存都會受到威脅。然而，他很快就發現，要能完成改變，得先面對創辦人所留下來的影響力才行。

表面上看來，莫達克似乎沒有資格領導這家公司。他是律師出身，不是生意人。上一份工作是在一九九一年，擔任鹽湖城芮奎內法律事務所（Ray, Quinney & Nebeker）的訴訟合夥人。過去他與歐希泰納並沒有淵源，直到泰納在一九九〇年捲入一宗股東糾紛，找上芮奎內法律事務所的莫達克。在檢視完所有的事實，與所有人談過之後，莫達克確信可以透過協商解決。於是他擔任協調

人，解除了泰納的危機。可想而知，泰納對他的表現非常滿意，於是提議莫達克放棄律師工作，來擔任歐希泰納總裁。剛開始莫達克非常驚訝，但六個月之後，他決定接受提議。

「其實當時真的很大膽，」十二年後回頭看，他說：「我和事務所的合夥人談，他叫我先留著事務所的家具，搞不好很快又得回來。」

但泰納當時的計畫，是讓莫達克接受執行長唐．歐斯特勒的訓練，並在五年後歐斯特勒六十五歲時，接任他的職務。對莫達克來說，雖然不知道未來會發生什麼事，但這是一次難得的際遇。一九九一年時，歐希泰納是一家體質健全、相當成功的企業，營業額高達一億八千一百八十萬美元，擁有超過兩千名員工，營業利潤穩定，沒有負債，絕對是產業的領導品牌。

然而，歐斯特勒和泰納都明白，公司需要改變。首先，「品質提升運動」正在席捲美國，許多製造業引進了「及時庫存」、「團隊管理」等概念，但歐希泰納卻沒有趕上這波改革。它的組織結構傳統、官僚、由上而下控制，完全沒有彈性、僵硬、緩慢。四十年來訂單不斷成長，但經營效率卻逐年下滑。公司每天被要求製造上千個客製化的獎牌，每種產品的數量不斷增加。同時，越來越多客戶抱怨交貨不準時，顯然客戶的期望提高了，但公司的運作方式卻跟不上速度。

歐斯特勒和泰納都知道公司的生產作業出了問題，因此在莫達克加入公司之前就開始徹底檢討。首先他們指派一位名為蓋瑞．彼得森（Gary Peterson）的年輕經理人擔任「改革促進者」的角色，第一個任務就是改變工廠作業人員的心態，這些員工已經習慣了只執行上面交代要做的事情。

剛開始，他要求大家說出自己的想法，但反應冷淡。「我到磨光部門，那裡有兩百位女員工，」他回想說：「直到三星期之後她們才願意開口，通常是某個人抱怨某件事。花了很長時間，才讓大家願意相信彼此。」

莫達克很快就發現許多經營上的問題，沒經驗這時候反而成了他一大優點，他會提出許多業界老手視為理所當然的問題，例如當他知道公司並沒有努力做行銷時，他簡直不敢相信。「你應該觀察市場及顧客，然後問：『他們需要什麼？要如何給他們？』」他說：「而不是說，先製造出某樣東西，想辦法賣出去。我們是製造業，整個思維受到限制。我們老是認為，我們賣的是美麗的、手工製的、高品質的、有意義的獎牌，大家最好識貨，來買我們公司的產品。公司所有運作都是從銷售思維出發，包括會計、電腦系統、思考方式，但這些都是過時的價值定位。」

擁抱改變，別讓公司被市場拋在後面

之所以過時，是因為市場正經歷轉變。首先，長期雇用已經是歷史。一九八〇與九〇年代縮編風潮興起，美國企業利用裁員推升股價，員工開始四處尋找更高薪的企業。在這樣的環境下，歐希泰納所擅長的「長期服務獎牌」事業，前景看來不樂觀。再加上技術門檻越來越低、競爭越來越激烈，歐希泰納原本定位自己是「獎牌製造業的蒂芙妮（Tiffany）」，提供最高品質、最佳服務，顧客也願意支付高價。但是如今有太多對手可以用更低價、提供相同品質的產品。

還有人口結構，也對公司很不利。今天，越來越多年輕人的品味與歐希泰納過去雇用進來製造獎牌的員工非常不一樣，要求也越來越高，特別是完成訂單的速度及獎牌製作細節。再加上網購的普及，更增加公司壓力。沒多久，公司就發現光是在網路上，就有八十二家競爭對手，每一家都承諾可以遠低於歐希泰納的價格製作相同品質的獎牌。更別提來自中國及其他亞洲、拉丁美洲和東歐國家的業者了。

越深入研究公司的情況，莫達克越確信必須徹底改變歐希泰納的經營方式。要能在下個世紀生存，歐希泰納必須轉變為完全不同的一家公司。並不是只有莫達克這樣想，當他和歐斯特勒以及其他主管說出自己的擔憂之後，大家都點頭同意。但他們也很清楚，要讓一家像歐希泰納這樣長期成功的公司改變，是非常困難的挑戰。在歐斯特勒擔任執行長的二十三年時間，營業額從未衰退。就如同人們所看到的，這是一家業界最穩定、獲利最好的公司。

當過去的經營模式看來運作良好時，要如何說服員工改變？當員工習慣原來的樣子，要如何激發他們改變的行動力？要如何處理員工對於他們所敬愛的、於一九九三年離開人世的創辦人的景仰？這家公司之所以採取這種經營模式，正是因為歐伯特・泰納的遺願，大家憑什麼相信這個新來的律師？他知道自己在做什麼嗎？

事實上，莫達克也承認，他並不非常確定要如何解決他所看到的問題，但是他相信一定要改變，公司才能在下個世紀繼續生存。一九九七年三月接替歐斯特勒成為執行長之後，他已經準備好展開他的改革計畫。

接受對手的優秀，勇敢面對「七大賭注」

他的第一步，是讓經理人看到公司的報表。在此之前，只有少數人才知道公司真正的獲利情況。當其他人看到報表上的數字時，都非常驚訝。公司有賺錢沒錯，但沒有大家所想的那麼多。莫達克要求他們針對歐希泰納的未來走向，提出基本問題，他從公司各部門召集五十三人一起開會，要求他們思考核心業務的定義、應該提供哪些價值給顧客，以及要成為市場領導品牌該採取哪些改變。其中一項共識是，歐希泰納必須從「獎牌製造商」，轉型為「協助顧客設計與舉辦員工表揚活動的公司」。這是重大轉變，也意味著公司必須採取莫達克所謂的「七大賭注」：一、擁抱現實；二、定義策略；三、找到對的人放在對的位置；四、將行銷帶入公司；五、善用最新科技；六、改變文化；七、改善作業。

所謂「擁抱現實」，莫達克的意思是要大家認清公司的競爭對手非常優秀，而且只會越來越強，過去可行的方法未來將會過時。「善用最新科技」則是指淘汰老舊的主機架構，採用網路系統，以應付二十一世紀講求速度的企業所面臨的複雜科技需求。這是轉型過程最痛苦的部分，「員工為了讓新系統安裝完成以及順利運作，搞得人仰馬翻，」莫達克回想說：「從開始到完成，我們花了四年的時間。我們必須讓公司所有部門都可以在一個共同平台上相互連結，並提供新的功能，讓我們創造以及開發新的應用。導入這套系統簡直是要人命，我們和一位專門研究導入ERP（企業資源規畫）的哈佛教授談過，他說有一半公司最後以失敗收場。」

莫達克了解未來挑戰非常艱難，因此他邀請一位講師到公司激勵士氣。陶德・史基那（Todd Skinner）是知名的攀岩專家，也是第一位登上喜馬拉雅山川口塔峰（Trango Tower）的人。「我們需要一個能讓大家感同身受的故事，」莫達克說：「陶德來到公司，告訴我們當他在營地準備整裝出發時，抬頭望向峰頂，心裡一陣恐懼，因為他們發現，必須用攀岩的方式才能登上山頂，這正好符合我們當時的情況。他說：『當我們第一次攀上岩壁時，根本無法向上移動，但只要一直在岩壁上，就有辦法移動。』這個比喻對我們很有幫助，我們正在攀登系統轉換的高峰，沒錯，我們一再感到挫折，但只要我們堅持下去，時間久了自然就更熟練了。」

就像多數企業導入ERP的情況一樣，一開始歐希泰納也是請顧問幫忙導入。「有段時間，有來自安達信顧問公司的八十五位顧問幫我們導入，」莫達克說：「但是顧問錯了，他們以為這是一個有開始與結束的專案，但它不是，而是大規模的轉換。他們錯估了所需要的時間，他們不了解我們的企業及複雜度。最後，我們解雇了所有顧問，自己做。」

莫達克將一九九七年至二〇〇二年的這段期間，稱為「信心大躍進期」。他有一幅畫，上面畫著一隻山羊從一個懸崖跳到另一個懸崖，他說那正是當時的心情寫照。他必須保持幽默感，有一年業績很差，他告訴董事會：「我有一個好消息要宣布：今年我們不需要付所得稅！」廢話，沒賺錢當然沒稅可繳。有一度，公司長達五年銷售平平，他承認自己的信心受到嚴格的測試。「當時我真的非常沮喪，」他說：「幸好有同事幫我，在這段期間站出來帶領團隊，有時候是程式設計師，有時候是專案經理。」他指著桌上一張參加美國內戰的士兵照片，照片中的人物就是小圓頂英雄喬舒亞．張伯倫（Joshua Chamberlain），他所帶領的第二十緬因志願軍駐守在蓋茨堡，抵抗美利堅諸州聯盟的強烈攻勢，扭轉了戰爭的結果。「他是我的英雄，在緊要的關頭挺身而出，做真正需要做的事情。」

正是在最嚴酷的時刻，莫達克和他的團隊重新打造歐希泰納的文化。「我們重新改造，」他說：「我們會保留核心價值觀，也就是正直、持續改善、與顧客建立親密關係。泰納相信真理、良善及美麗事務，我們也同意。但我們必須加入新的價值觀，例如謙遜與學習。這些是我提出來的，因為我不知道該做什麼。」莫達克也鼓勵深入的辯論，這在過去從未發生過。「我們進行了一場黑格爾式辯證，我希望不同的力量相互衝撞。以前壞消息都被壓抑、忽略，但我希望所有的想法相互競爭，而不是藏在心裡，任何人都可以說出自己的想法。」

最重要的是，他希望改變員工長久以來的心態，以為在歐希泰納工作，可以依賴公司照顧你（歐伯特．泰納當年就是這樣說的）。為了強化這項訊息，莫達克送給每個人一支特製的筆，上面刻著一句話：「我們書寫未來。」

「我要說的是，」莫達克說：「如果我們希望賺到更多獎金，就必須自己創造。這是非常大的改變，剛開始也遭遇極大的反抗。過去泰納非常大方，例如感恩節時他會給每個人一百美元支票，大家都已經習慣了泰納賜予一切。但我們必須跳脫這樣的心態，而且我相信我們已經成功了。二〇〇〇及二〇〇一年，儘管員工的薪資沒什麼增加、獎金縮水，但是沒有人抱怨。我們已經接受這樣的觀念：獎金要靠自己努力賺取。我們設定預期目標，做得好就可以領到獎金，做得不好就什麼都沒有。」

吃了五年苦頭後，歐希泰納終於從谷底翻身，二〇〇三年成長五%，二〇〇四年成長七%，到了二〇〇五年成長率接近一〇%，獲利也同樣創下歷史新高。一九九一年，客戶從下訂單到出貨的前製時間是十二星期，到了二〇〇三年大幅縮減為三．三天，到了二〇〇四年時更只需要一天。準時送達已不再是問題，準時送達比率一九九一年時僅有八〇%，到了二〇〇三年已經提高到九九．七%。以前為顧客量身訂製獎牌需要花兩星期，二〇〇三年時只要兩小時。他們用特殊接合劑將徽章黏在獎牌上，過去有〇．一四%徽章會掉落，二〇〇四年時比例大幅下降至〇．〇〇二八%，是所有使用相同接合劑的公司中最低的。整體生產流程的不良率降至〇．二五%，溝通錯誤也降低至〇．四八%。至於退貨，最常見的情形是因為顧客改變他們要的產品。

無論從哪個角度看，歐希泰納重享創業八十年來的風光，原有的魔咒也毫髮無傷。但莫達克仍不能鬆懈，「面對成功，我們必須保持謹慎，」他說：「我們都知道，每天會出現新的問題與機會，我們最大的希望是帶著謙遜與勇氣繼續向前。我們相信公司會持續生存與發展，但我們無法確知明天會怎樣。」

如果公司的魔咒都靠你，那就……算了吧

當然，書中某些公司不會有接班問題，因為這些公司之所以有魔咒，完全是因為創業者，只要創業者不在，公司也就倒了。我所指的，是兩家由風格獨特的藝術家所成立的公司，也就是由塞利馬·史塔佛拉所成立的塞利馬服飾公司，以及歌手安妮·第凡可成立的搖滾寶貝唱片公司。當然，也有許多由藝術家創立的公司在創辦人離開之後仍持續經營。聯美（United Artists）便是由演員查理·卓別林（Charlie Chaplin）、瑪麗·畢克馥（Mary Pickford）、道格拉斯·費爾班克斯（Douglas Fairbanks）及導演葛里菲斯（D.W. Griffith）所共同創辦的。喇叭手賀伯·艾伯特（Herb Alpert）是A&M唱片公司的共同創辦人，法蘭克·辛納屈（Frank Sinatra）創立重奏唱片公司（Reprise Records）。這些公司後來都被出售，如果這些公司曾經擁有魔咒，也都在出售之後喪失了。

塞利馬與搖滾寶貝唱片公司確實有魔咒，但我們很難想像如果沒有這兩位創辦人，會是什麼景況？也許未來某位買主會想買下他們的存貨以及資產，例如第凡可的音樂版權或是塞利馬禮服的款

式，但公司的靈魂呢？無論誰買下他們的公司，這一切都會跟著改變。搖滾寶貝或許還能生存，倘若子公司（如音樂廳、唱片門市等等）繼續發展，即使沒有第凡可的參與，也能持續經營下去，但塞利馬公司就不能沒有史塔佛拉，她也不希望將公司變成別人也可以擁有的企業。

那麼你或許會問，像塞利馬這樣的公司，是否應該納入這本書？我也曾懷疑這一點，它的確是一門生意，而且財務表現非常成功，同時具備書中許多企業所擁有的特點，但這家公司不就是這位設計師維生的工具而已嗎？這位設計師創作背後的靈感，以及書中其他企業的經營哲學，兩者之間可以相互比較嗎？

你一定會很驚訝，答案是：可以。

第9章

辦公室的顏色，工廠裡的氣味

創業是做生意，也是門藝術

貝納德．高赫士（Bernard A. Goldhirsh）是《企業》雜誌的創辦人，正是他改寫了美國「創業家精神」的定義。

我們很難想像，過去曾有一段時間，說一個人「有創業家精神」，並不是在讚美對方。在一九七〇年代以前，很多人輕蔑創業家，覺得他們狡猾，沒有社會良心。媒體輕視他們，學術界批評他們，他們的公司也很少受到尊敬。當時的人談到創業，通常指的是公開上市的大型企業，其他中小型企業並不受重視。

這種情況一直到一九八〇年代初，才開始有了改變，主要得歸功於高赫士以及《企業》雜誌。二〇〇〇年六月，高赫士確定自己罹患了無法治癒的腦瘤之後，決定賣掉雜誌，三年後離開人世。我有幸在一九八三年進入這家雜誌，與他相處二十年的時光，他改變了我對於創業的想法，特別是創業家精神。

原本只是想買艘船圓夢，結果卻辦了一份財經雜誌

如同很多創業家，高赫士會走上創業這條路，完全是機緣巧合。熱愛航海的他一九六一年自麻省理工學院畢業之後，在加勒比海地區航行了一段時間，接著在南美租下一艘帆船，在船上經營一所學校。回到波士頓後，他開始製作關於航海的小冊子，一九七〇年這本小冊子成了一本雜誌，名為《航海》（*Sail*）。接下來十年，《航海》成了全球發行量最大的航海雜誌。

但創辦這本雜誌也不是高赫士心裡真正想要的，他只想賺到足夠的錢，買一艘自己的船。「我根本不想從事雜誌業，」他在過世前一年接受《家族事業季刊》（*Family Business Quarterly*）訪問時說道：「我最想辦的是一所帆船學校，在全世界航行。船上的學生可以寫下他們的經驗，我們可以把這些內容刊登在《航海》雜誌上……這艘船將成為全球的典範，船上的每個人要一起合作，不可污染水源，要保存所有的資源，運用大自然力量。這艘小船可以成為人類共同合作生活的典範。」

後來，高赫士和一位朋友成立了一家非營利企業，在歐洲買了一艘一百四十四英尺長的帆船，稱為海之后（Regina Maris）。一九七六年，他們參加高桅帆船橫渡大西洋競賽，從加那利群島（Canary Islands，位於非洲西北岸）航行至百慕達群島。曾有短暫時間這艘船成為航海學校，航行至加拉巴哥群島（Galapagos Islands，南美洲厄瓜多所屬的群島），並在許多港口短暫停留。但是不久之後高赫士就結婚定居了，學校帆船的念頭也就此拋諸腦後。

不過當時他仍在編《航海》雜誌，發行量也繼續成長，有一天高赫士突然意識到，原來自己已經在經營一家公司。當營業額成長到一千二百萬美元那年，他面臨了從未想過的管理問題。他搜尋各種財經媒體的文章，希望可以找到答案，但最後仍徒勞無功。「他們都報導像美國鋼鐵那種大企業，」他告訴《航海》雜誌的發行人唐・麥可雷（Don Macaulay）：「那和我有什麼關係？」於是他心想：會不會其他創業者也可能面臨同樣的困境？也從此有了創辦《企業》雜誌的構想。有人警告他，這種雜誌絕對不可能成功，沒有這個市場，而且就算有讀者，也不會有廣告客戶，有誰願意刊登廣告給中小企業老闆看？

但高赫士不信邪，他決定賣掉《航海》雜誌，創辦了《企業》雜誌，並從此寫下美國雜誌史上最成功的紀錄之一。《企業》雜誌只花了不到兩年就開始獲利，到了第六年付費發行量就達到六十五萬份。

今天要跟高盛見面，你覺得我該穿襪子嗎？

我是在雜誌出現第一波成長時加入的，一切都那麼美好，個人電腦革命正要起飛，從位於佛蒙特州柏林頓的班傑瑞、華盛頓州貝爾威的微軟、到加州凡杜拉的巴塔哥尼亞，新一代的偉大企業紛紛誕生。我們辦公室位在波士頓的商業碼頭大樓裡，這棟大樓由高赫士所擁有，坐落於碼頭區。從我們的辦公室可以聽到海鷗鳴叫，還有升降索拍打帆船船桅的聲音。

高赫士不像任何一位我所遇到的老闆，這位猶太人擁有伍迪・艾倫的氣質，個子矮小，有些古怪，非常敏銳，雖然常看起來一副心不在焉的樣子。他有強烈好奇心，喜歡花很長時間談航海、現代舞、創業、寫作、數學、天文導航、親子養育等話題。在公司，他的穿著非常隨意，通常是斜紋褲、馬球衫、帆船鞋，一點也不做作。曾有一次，為了準備與高盛銀行的會議，他問《企業》雜誌的總編輯喬治・詹德隆（George Gendron）：「你覺得我們要穿襪子嗎？」他也完全不在意階級或地位，對每一位與他接觸的人都很誠懇，不論對方是諾貝爾獎得主還是檔案管理員。

我很高興可以在這裡工作，高赫士對我們很好，他完全放手讓編輯人員有足夠的自由空間製作最好的雜誌。他讓我們明白，創業可以多麼有趣。他告訴我們，創立一家公司就像開帆船，《企業》雜誌就是要幫助人們順利完成「從車庫到好公司的艱辛旅程」。正如同他在十週年特刊上寫的：「我喜歡航海的原因是這樣的：在大海裡航行，我們一方面要靠自己，但另一方面也需要彼此相互依賴。我大部分的滿足感，來自於過程中所建立的相互信任，特別是經歷一場暴風雨之後。不論你是駕駛帆船橫渡大西洋，還是帶領公司從一無所有到有所成就，過程都是一樣的，有暴風雨、有平靜無波，最重要的，是大家一起努力達到共同的目標。」

除了用航海做比喻，高赫士也常提到創業過程中所需要的高度創意，他認為那是一門藝術，但許多人都忽略了這一點。他之所以有這樣的想法，部分原因來自於他在麻省理工學院的經歷，他曾經休學一學期，為寶麗來的艾德溫・蘭德博士（Edwin Land）工作，加入負責發明未來相機的工作小組。

「蘭德博士是我的英雄，」他回想說：「這是一家快速成長的公司，光靠他一個想法，可能就能創造出各式各樣的工作。我在想，這實在太棒了，一個人可以完成這麼多事情——創造一門生意、開啟一家公司、帶來就業機會、增加國家稅收。這個世界因為有了他與他的想法，外加勇敢向前創業的決心，而誕生了許多美好事物。」

當然，有創業精神的不只有蘭德博士。高赫士認為，創業家精神是讓經濟活動保持活力的泉源。沒有了創業家精神，國家就會失去活力與能量。就好比文化，如果缺乏藝術創造，就會變得荒蕪。「我不斷在想，創業家就是藝術家，創業是他表達藝術的方式……」他說：「他從零開始創辦一家公司，就像是從一張空白的畫布上畫出一幅作品，真的很不可思議。想像一下，有個傢伙走進某個車庫裡，只憑著一個點子，就創辦了一家公司，他們所做的事情如此特別，就像是寶藏。」

他要求所有同仁編雜誌時千萬要記住這點，他提醒我們，思考讀者的需求時，要將他們視為一個活生生的人。「我不斷告訴編輯們，要將創業家視為同時運用兩側大腦的藝術家，」他說：「你不是寫給一個理性的人看，你是寫給一個有靈魂的藝術家看。」當然，高赫士自己就是其中的代表，這本書中所有的創業家也是。

魔咒，來自於對生命美好事物的專注

正如同我在前言中所建議的，請大家將這本書當作一部紀錄片，認識一群與眾不同的創業家。研究與撰寫這本書，對我而言也是一段旅程，當我回頭看這段旅程，心中清楚浮現一個問題：這些小巨人都擁有魔咒，但魔咒究竟是打哪兒來的？

我認為，答案與人有關，而不是公司。

對我來說，這些創業家之所以表現傑出，是因為他們專注在生命中一切美好的事物上。我的意思是，他們心裡非常清楚，生命必須盡所能地追求某些東西，例如有趣的挑戰、友情、憐憫、希望、親密、社群、目標感、成就感等，他們也依此想法組織自己的事業，讓他們以及共同合作的人們，都能體驗這些美好事物。

當外部的人接觸這樣的企業，會不自覺地被吸引，覺得這家公司非常了不起，因為內部的人所做的一切是那麼好玩、那麼有趣，大家都想要加入其中。從這個觀點來看，魔咒，指的就是一家公司的魅力。有魅力的領導人，讓人希望追隨他；有魅力的公司，讓人想要成為其中一分子。

書中所有創業家的共同點之一，就是他們對公司所做的一切都充滿熱情。他們熱愛這家公司，而且極度渴望與別人分享這一切。他們享受把偉大而獨特的事物貢獻給這世界，並樂在其中。「在一場晚宴上，有人問邱吉爾覺得甜點如何，邱吉爾說：『小姐，這是一個沒有特色的布丁。』但是我們的啤酒不同，我們有特色。」梅泰對《哈佛商業評論》的大衛．古伯特（David Gumpert）說，當時正是美國小型釀酒廠復興運動的萌芽期。「世界上沒有任何一瓶啤酒，當然也沒有任何一組啤酒跟我們一樣。我們盡可能讓所有的產品簡化，沒有釀造捷徑、沒有任何修飾或添加物，我們採用最純粹、最傳統的方法，所有啤酒都是由麥芽製成。我們不用玉米、米、糖、糖漿、或是其他穀物。國內外釀酒廠幾乎都會使用這些成分，這並沒有錯，不是什麼欺騙行為，也不是壞事，相反的這種做法現在非常普遍，有許多好處，例如成本更低、生產速度更快。但我們還是比較喜歡用幾千年前傳下來的淡啤酒釀造方法，只用發芽大麥。

「此外，我們全部採用小啤酒花。我們依據傳統的做法，摘下啤酒花後，用暖氣烘乾，裝在袋子裡或是綑成一包，然後運到釀酒廠，放入銅製水壺中。我們的釀酒壺還是銅製的，現在多數新的釀酒廠都不使用銅製壺了，都改採不鏽鋼。但我們從未想過使用不鏽鋼，你問我為什麼，我沒辦法說得很清楚，我只是覺得銅看起來很好，感覺真的很不錯，以前的釀酒廠說這種壺會影響麵粉，但我不想找出正確的答案。採用烘乾的啤酒花也是同樣的情形，我們當然可以使用萃取的方式，這也是全世界多數釀酒廠採用的方式，可以大幅提高運送以及儲存效率。許多釀酒廠也會為啤酒花進行特殊處理，像是擠壓分子，也就是讓一磅的啤酒花有更多（幾乎是加倍）的產出，但我也沒想過要用這種方法。

「還有，啤酒發酵時是放入一種很特別的傳統發酵器，非常淺而大，而且我們使用過濾過的舊金山空氣來冷卻發酵室……過去美國西部地區在有冰塊之前就是採取這種釀造方法，他們只能運用夜晚的冷空氣。所以你看，我們採用這些奇怪的發酵器，運用舊金山的空氣加以冷卻，這樣釀造出來的啤酒會跟別的啤酒一樣嗎？我猜想不會，但也不能保證。那我們為什麼要這麼做？因為這樣感覺很好。喝安可啤酒的樂趣之一，就在於它採用的是非常特殊的發酵方法……

「我的角色是確保酒廠裡每個人知道我們有自己的特色，提醒大家我們必須遵循並設定什麼樣的標準。事實上，我有點不好意思說自己在做什麼，因為我真的太喜歡自己正在做的事情了，我的人生看來似乎有點恣意妄為、不切實際。但人生短暫啊，如果我覺得自己在做蠢事，精釀啤酒是場笑話，這些花招是騙人的，我大概也沒有臉繼續做下去。但我很喜歡這門生意，而且做了許多令人不可思議的事情。我越來越放鬆，享受這一切。因為我相信，我們的啤酒好到不能再好了。」

梅泰對於自己的釀酒技術所抱持的熱情，與塞利馬．史塔佛拉對自己服裝設計能力的熱情是一樣的。「我告訴你，早上醒來時是我感到最棒的時刻，因為一想到要去工作，就非常興奮。」她說：「住在紐約時，我會把鬧鐘設定在早上三點半，然後搭五點四分的地鐵。我會準時起床，完全清醒，而且充滿歡樂，因為我要去工作。有人常說自己好想休假，但我總認為當你這樣想，你的人生等於又失去了一天寶貴的光陰。一早醒來就感覺不快樂？你實在太糟蹋這一天了，你的工作應該是你喜歡的，我的客戶必須是我喜歡的。大家都該去想這個最根本的問題：開啟新的一天，你感到快樂嗎？」

傑，戈茲談到舊工廠翻修的過程時，語氣也充滿了熱情。他的工廠位於芝加哥北克里伯恩大道上，是家庭與園藝用品門市的所在地。「我希望保有勇氣，」他說：「就像職業拳擊手，就算鼻梁斷裂了，照樣擁著美麗的金髮女友。以前，工廠的地板通常是黑的，並鋪上黑色的切削油。後來我們用砂磨地板，因為我不喜歡東西看起來亮亮的。原本這裡有一個法國石灰岩櫃檯以及錫製櫃檯，設計師說要將牆壁漆成白色的，因為在紐約大家都把牆壁漆成白色，可是我覺得這樣太假了，我喜歡復古的感覺。於是我們用噴砂器在牆上噴砂，讓牆面看起來像是未經整修過，而且我沒有把梁柱遮住。我們會把標語貼在停車場，多半是關於藝術、花及家庭的格言，我希望你從停車開始就認識我們，看到我們為顧客創造的體驗。我喜歡這樣的工作，我感覺自己像是畫了一幅畫的藝術家。」

聞聞看，你的公司與工廠，散發出什麼味道？

艾里．溫斯威格正向一群辛格曼的新進員工，說明銷售美味食物的四大步驟。

第一步是什麼？認識食物，答對了。這是出自於辛格曼麵包屋的法國農場麵包，為什麼底部凹凸不平？因為是在石頭上烤的。為什麼麵包皮上有線條？因為是從籃子裡拿出來的。製作這個麵包要多久時間？十八小時，如果使用發酵粉，大量生產的麵包只要三到四小時。

大家都知道，時間就是金錢，但好麵糰發酵就是需要這麼長的時間，要製作美味可口的麵包，關鍵就在於麵粉以及氣味。百分之九十的味道來自於氣味，其餘百分之十是味覺。甜味的味蕾位在舌尖，鹹味的味蕾則是分布在舌頭的各個部分，苦味的味蕾在舌根，酸味味蕾在舌頭兩側。身為專業人員，如果你咬了兩口，直接吞下去，然後開始聊天，就不可能真正品嘗到食物的美味。「你必須學會欣賞食物，至於喜不喜歡並不重要。例如我討厭花生奶油，但這不重要，我必須學習告訴別人，怎樣才是好吃的花生奶油。」

諾姆．布羅斯基談到檔案儲存——這個世界上最無趣的行業——時，也是滿懷熱情。「當人們參觀我公司的倉庫，他們看到的都是箱子，」他說：「他們看到上千個箱子整齊地放在架上，一直堆到天花板，大約有五十六英尺高。但我看到不一樣的東西，我看到的是我和員工所建立的了不起事業，你走進我們的辦公室，會聞到硬紙板的味道，我很喜歡這個味道，這個味道讓我的創意源源不絕。

「我猜想，有些人對他們的企業不會有這種感覺，我實在不知道他們要如何管理。我認為，你必須打從心底相信，這是當下你所能做的最有趣、最讓人興奮、最值得做的一件事。否則你要如何說服其他人跟你一起努力？如果我自己都覺得把箱子放在架上是很無聊的工作，就一定無法吸引好的人才和我一起工作，我們就無法達到今天的成就。但是打從一開始，我就對檔案儲存的每一個環節都感到著迷，直到現在我還是很喜歡向訪客展示我們的倉庫，我相信，我的熱誠是會傳染的。」

創業者沒熱情，這家公司不會有魔咒。如果他們不愛自己的事業，如果他們不覺得公司所做的事情很重要，如果他們一點也不在意提供的產品或服務必須是最好的、獨特的，其他人也不會有這樣的感覺。當然，所有創業者多多少少都有熱情，但小巨人之所以不同，就在於他們不願讓熱情消失，並找到保留熱情的方法。

那麼，他們是如何做到的？

首先，他們了解，不能依據一家公司規模的大小及獲利高低，衡量這家公司的價值。一家公司成長速度很快、獲利一直很好，也許代表著管理團隊擁有傑出的管理能力，但無法告訴你他們是否對這個世界有著獨特的貢獻。相反地，本書中的小巨人企業，非常重視經營與其他人——包括員工、顧客、社區、供應商等——之間的關係。為什麼？當然，部分原因是為了他們自己，因為這種緊密關係能激勵員工，讓大家都能像創業者一樣有熱情，公司自然會有不錯的財務表現。

但小巨人都很清楚，這樣的關係非常脆弱。企業裡的信任與緊密關係，可以輕易地被瓦解，稍有不慎就什麼都沒了。如果你不專心投入，如果你不努力強化那些和你有生意往來的人之間的聯繫，緊密的關係就會消失。為什麼會這樣？原因很多，最常見的是創業者只關心成長速度、一心只想賺更多錢，尤其當他們將股權賣給外部人士，就很有可能不得不為自己著想，將成長與獲利視為最終目標，因為他有責任讓這些買主的投資得到回報。這也就是為什麼，小巨人通常堅持不賣公司，將股票集中在少數人手中。

成長代表贏了，贏的滋味誰不愛？

說得容易，這其實需要很高的自制力才辦得到。因為，對任何有企圖心的人（創業家當然有企圖心，否則幹嘛創業？）來說，當公司發展到某個時間點，很容易就想追求成長，也很容易落入這樣的思考陷阱：成長越快，就越成功。成長，會讓你感覺自己贏了。贏，誰不喜歡呢？

何況，投入成長遊戲還可以消除經營過程中的無聊感，這是創業過程中最被忽略、最被人低估的危險之一。我相信，無聊感是很多創業家投入購併遊戲、爭取上市、投資新事業的主要原因之一。通常，當一家公司過了創業及成長階段的興奮期之後，便會開始面臨各種管理挑戰，許多創業家坦承，處理這些管理上的事情很煩，最好讓別人來處理，好讓他們自己去思考下一步該做哪些事。這，才是他們真正喜歡的事情，讓他們可以重新找回創業時的興奮感。

問題是，這麼做的結果，最後可能會傷害公司。

大體而言，書中的小巨人都避開了這個陷阱。我認為這要歸功於他們的熱情，他們如此熱愛自己及公司所做的一切，而且下定決心做到，因此培養出強烈的直覺本能，可以敏銳地察覺到可能會引導他們誤入歧途的事。他們知道自己在充滿機會、誘惑及危險的汪洋中航行，熱情是他們的羅盤。即使偶爾會偏離航道，但是他們對於這份事業的熱愛，總會引導他們回到正軌上。

他們熱愛的對象，不只是公司的產品或服務，當然這些產品和服務非常重要，但就好比偉大的作曲家必須熱愛音樂，偉大的釀酒廠也必須建立在對於釀酒的熱情上、偉大的特效公司必須建立在對電腦繪圖的熱情上。就像交響曲是作曲過程結束後的產品，任何一項產品或服務，也都是創造過程的最終結果。不論是誰創造的，他必須愛上創造的過程及最終結果才行。

在擁有魔咒的企業裡，員工們感覺能在這裡追尋自己的熱情，也努力確保公司的營運可以提升他們追尋熱情的能力。就這點來說，管理這種公司本身，就是一種創造過程，套用高赫士的話，傳統的管理是理性活動，但創業管理需要「藝術家靈魂」。對於創業家而言，經營公司本身就是一份持續轉變的藝術工作。

當然，不是每個人都對經營公司這門藝術感興趣，塞利馬．史塔佛拉就是其中之一。她將全部創造能量投注在服裝設計上，再也沒有多餘心力關注公司的經營，也是她讓公司維持在最小規模的原因。

「公司變大，就不再是藝術了，」三月底某一天，她坐在客廳裡說：「經營一家大型公司，成本及大眾觀感很重要。如果什麼事情都要考慮成本，怎麼可能去做自己想要做的事？如果我經營一家大公司，意味著會有很多不認識的消費者來買我的產品，但每一件衣服都是我設計的，我非常在意是誰穿了我的作品。這麼久以來，我只有一次同時做了兩件相同的衣服給兩位朋友穿，除此之外我所有的作品都只為一個人設計，也就是穿這件衣服的人。」

正如同史塔佛拉自己所說的，她不怎麼在乎成本、行銷及利潤。但塞利馬公司自一九四七年成立以來，一直有不錯的獲利，她自己更是頂尖的行銷專家，行銷方法相當獨特。毫無疑問，她的想法是對的：讓業務保持單純，這樣就只需要花費最少的力氣在經營上，才能有更多時間專注於服裝設計的工作。

千萬別削價競爭，要動腦筋開發新的商業模式

諾姆．布羅斯基則是完全相反的例子，當然部分原因是檔案儲存業務的性質和服裝設計非常不同。從客戶那裡運回儲存箱、放到倉儲區上架、當客戶有需要時再送還，這段過程的確沒什麼藝術技巧可言，但是要讓這些簡單的活動成為一門擁有魔咒的偉大事業，所面臨的挑戰卻是最困難的。布羅斯基喜歡這樣的挑戰，「我想我和多數創業家一樣，」他說：「如果有人說某件事不可能做到，我就會想去試試看，我就是喜歡做別人認為不可能的事。對我這樣的人來說，創業就像是解謎，每個問題都有解決方法。你必須採取不同方法看待問題，你需要更廣的視野，你必須嘗試不同的角度，才能找出別人沒觀察到的部分。你不一定都能找到，但在尋找的過程中，這段經驗就足以讓你滿足。」

正因為如此，他在短短八年內就成功切入這個高度競爭、發展成熟的產業，建立了美國境內頂尖的檔案儲存公司。剛開始，他幾乎爭取不到客戶，因為客戶通常都跟別人簽有長期合約，而且除

非費率差很大，否則通常不喜歡更換合作對象。布羅斯基也不願殺價搶客戶，他看過太多公司因為陷入價格戰，導致利潤下滑，最後不得不退出市場。

布羅斯基相信，要切入檔案儲存市場，就必須設計出不同於既有業者的商業模式，找出別人忽略的地方。雖然花了一些時間，不過他終究還是找到了。「我突然領悟到，我們其實從事的是房地產業，」他說：「我不僅儲存檔案，我們其實是在出租倉儲空間。所以你要如何從一棟建築物中收取更多租金？就是切割出更多租賃空間。檔案儲存也是一樣，如果每平方英尺可以放置比競爭對手更多的儲存箱，這樣每個儲存箱的費用就可以降低，但毛利卻會提高。那麼要如何讓每平方英尺放進更多的儲存箱？加高天花板以及置物架的高度，就可以讓箱子一直疊放到屋頂。」

如果順著這個邏輯再深入思考，他自問：如果在冷門地段擁有一棟全新的辦公大樓，他會怎麼做？他要如何吸引房客？其中一個方法是，他可以提供租金優惠，如果房客願意簽下五年租約，期限一到自動更新為費率較高、同樣為期五年的新租約，那麼房客就可享有前六個月租金免費的優惠。如果房客沒多久想搬走，布羅斯基也會答應，只要彌補先前優惠的差額即可。他發現，檔案儲存也可以採用類似的做法。

布羅斯基立即將他的想法付諸行動，他找到了有挑高的天花板與置物架的倉庫，並提供遠低於競爭對手的費率（而且自己毛利還更高），如果客戶將儲存箱遷移過來，他還會幫忙支付搬遷費。在業界，當時根本沒有人這麼做。「當我們開始採取這些做法，競爭對手氣炸了，」他說：「他們告訴客戶，布羅斯基是瘋子，他一定撐不下去，不到兩年就會倒閉。客戶跑來問我會不會倒，我告訴他們，很簡單，看看我們的天花板，每一萬平方英尺可以儲存超過十五萬個儲存箱，我們的競爭對手只有四萬或五萬個，我們的數量是對手的三或四倍，所以我其實還多賺了。客戶聽了也忍不住笑出來，既然我自己都承認多賺了，那我應該降價。我笑著說：不行，我們不能降價，因為我們還提供你其他更好的額外服務，然後我一一向他解釋有哪些服務是原本其他業者沒有提供的。」

就這樣，布羅斯基的業務開始快速成長。最後競爭對手也跟進，採取相同的做法，但為時已晚，城市倉儲已經超越許多競爭對手，成為業界明星了。

有時候你必須睜一隻眼、閉一隻眼

對某些人來說，布羅斯基的事業實在沒什麼藝術可言，但我認為，看到別人所沒看到的願景、從無到有創立新事業，其實也是一種藝術。史塔佛拉將熱情投注在產品，布羅斯基則是將熱情投注在經營方法，至於書中其他的小巨人則是介於史塔佛拉和布羅斯基之間，關鍵在於你能否找出兩者之間適當的平衡——太重視產品，會犧牲方法；太重視方法，就會犧牲產品。「在辛格曼，我們有三項準則：美味的食物、優質的服務，以及健全的財務，」艾里・溫斯威格說：「這三者可能相互衝突。如果要增加獲利，就必須降低食物的品質。如果要提升服務，就必須增加人手，公司就可能會破產。我們希望可以同時提升這三項準則，但我們的時間有限，時間是無法回收使用的資源，所以我們要求自己每次只改善其中一項。」

在事業與藝術之間取得適當平衡這件事情上，最成功的非搖滾寶貝莫屬。執行長安妮．第凡可及總裁史考特．費雪之間，清楚畫分彼此的責任。費雪常說：「我們是一家音樂企業，安妮代表音樂，我代表企業。」「絕對是因為我們兩人之間產生的綜效，才能達到今天的成果，」第凡可在芝加哥演唱會開場前坐在化妝間說：「如果沒有我，公司就不可能存在；但如果沒有他，公司也不可能存在，這一點我非常清楚。」

所有合作關係的核心，都在於對彼此角色的尊重與欣賞。「沒錯，從商業的角度來看，我在乎有沒有賺錢、是否成功，但這不是主要的驅動力量，」費雪說：「我喜歡做安妮想做的事情，當她告訴我想要發行某位藝術家的專輯、想要採取某種設計時，我就會想，我們要如何做出成品，同時能夠獲利？」

有時候，尊敬第凡可的藝術，就表示必須容許她非常不符合商業利益的期待。「我們雇用一家影視公司，請他們拍攝第凡可在科羅拉多州的表演。但是那天她顯然心情不太好，她不喜歡鼓手的伴奏，當晚情況真的有點糟，原本我們的計畫是發行《安妮．第凡可生命的兩小時》錄影帶，可是她卻說：『我不想。』我告訴她：『安妮，我們已經花了四萬美元，也投注這麼多心血，沒辦法回頭了。』她說：『好吧，我可以照你說的去做，但我會永遠恨你。』她雖然面帶笑容，但我知道她是對的。於是我告訴她：『好吧，那我們就不要發行了。』我的想法是：如果我們無法做出這種決定，何必要維持獨立製作？如果我們在大廠牌唱片公司旗下，是絕對不會被允許白白燒掉這筆錢的，你沒有說不的能力。」

當然，第凡可也不是每次都不肯為了賺錢而妥協。她非常清楚，她能夠以自己想要的方式做音樂，全都是靠大家幫忙，她對這些人負有責任。「任何時候搖滾寶貝辦公室都會有十到十五位工作人員，」她在二〇〇四年年初時說：「巡迴表演時，還會有另外十到十五位工作人員和我一起演出。此外還有演出經紀人、宣傳人員、製造商、印刷廠等等，如果我停止工作，他們就……

「沒錯，後來我感受到自己的責任重大，我覺得很累，不斷向費雪訴苦，希望可以休息一段時間。他通常靜靜地坐著，然後繼續排定演出行程，因為他知道，如果不工作，我自己也會受不了。我常以為如果可以一、兩個月不工作，就會很快樂，但其實如果真的不工作，我會瘋掉。有一次他語氣溫和地對我說：好吧，如果你希望春季時休息更長的時間，那就休息吧，但是當我們財務面臨困難時，我會事先讓你清楚知道。我們之間就是這樣相互妥協，幫助對方，我們共同的目標是讓公司能繼續經營下去，照顧這些工作夥伴，停止工作，這一切都不可能發生。」

當然，要能建立像第凡可和費雪的合作關係，需要有足夠的信任。搖滾寶貝成立的頭七年，他們是情侶，由於第凡可四處巡迴演唱，不論在身體或情緒上都是極大的負荷，因此一九九五年她和費雪決定雇用一位音響工程師，同時兼任她的巡迴演唱經理人與司機。但沒想到，安妮和這位名叫安德魯．吉爾克里斯特（Andrew Gilchrist）的音響工程師墜入了情網。

有一天晚上，在水牛城的一家餐廳，第凡可把事情告訴費雪。「她非常直接，一向如此，」他說：「她說我們之間結束了，她愛上了安德魯。」

「我告訴他，這樣我必須解雇安德魯，」第凡可回想說：「但是費雪反對，他知道我非常需要安德魯，絕對不可以解雇他。」

想也知道，這真是非常痛苦的過程。「真的有些殘忍，」她說：「這種情況持續了好幾年。」安德魯和第凡可幾乎寸步不離，不是一起巡迴演唱，就是在錄音間。一九九八年他們決定結婚，費雪不顧朋友們的反對，仍繼續協助安妮，負責搖滾寶貝的經營。「朋友們都對他說，被女友甩了竟然還繼續替她賣命，瘋了嗎？」第凡可說：「他必須承受這一切，有些工作夥伴也會冷言冷語，例如我的表演經紀人就說『喔，被甩了還不肯放手』。費雪花了好幾年時間，才調適好自己的情緒，讓大家閉嘴。」

「這真的非常難熬，」費雪說：「但是我想，如果這件事我做到了，以後就沒有什麼做不到的。我從未考慮離開，我相信安妮所做的一切非常重要，所以我要選擇，是要成為她的前男友，或是她的事業夥伴？我從未跟她討論過這個問題，我必須接受現實。」

他必須在分手後繼續和第凡可一起工作，這不是件容易的事。「我們之間的關係變得緊張，非常緊張，」她說：「有很多年，我們之間的對話僅限於工作，但是關係仍非常緊張。因為心太痛了，而且我有很深的罪惡感。我這算是在利用他嗎？我是在占他便宜嗎？我告訴他，他不一定要留下來，也許他應該接受朋友的建議離開，但是他堅持這是他想要的，他說我們之間的關係及共同目標，遠大於我們的愛情關係。」

他們努力度過這段困難的時期，彼此的合夥關係也更加穩固。「現在費雪和我相處得很輕鬆，彼此之間也比以前更緊密，」第凡可說：「你知道的，情侶之間的爭執、不穩定的關係，其實會對公司的經營造成傷害，也對彼此的關係不利。我的意思是，一旦我們分手，就成了……」她頓了一下說：「……家人吧，就是一種最親密的關係。」無論如何定義關係，可以確定的是，這同樣是門藝術。

除了第凡可的專輯之外，搖滾寶貝也發行其他藝人的CD，雖然絕大多數都沒賺錢，但他們仍不改初衷。「我們一直希望公司不只有我一個藝人而已，」第凡可說：「我們希望網羅更多能獨立作業、風格特別、需要幫忙發行製作專輯的藝人，希望可以成為藝人向聽眾發表作品的平台。當我們提醒這些藝人作品還不夠好、『你可能要花更多時間製作這張專輯』，純粹是就音樂論音樂，而不是希望他們修改成更暢銷、更容易被聽眾接受或更花俏，我們從不會迎合市場。」

雖然不刻意迎合市場，但他們會努力取得平衡。也許從他們決定購買以及翻修老教堂這件事情上，可以看得更清楚。

「我曾考慮投資一家位於紐奧良的錄音室，」第凡可說：「但這一來等於把雞蛋放在同一個籃子，錄音市場已經過於擁擠，我們應該分散風險。於是費雪提議買下這座教堂，可作為辦公室，還能對社區有貢獻。你知道嗎，我們越想就越覺得這座教堂比起錄音室更實際、更有用，可吸引更多藝術團體加入我們的社群，而且還可以作為表演場地。」

當時，水牛城的頂尖藝術組織「赫華斯當代美術館」正好也在尋找新的空間，所以費雪和第凡可決定邀請美術館一起共享空間，如今這棟建築物除了搖滾寶貝的音樂廳和爵士酒吧之外，還有赫華斯展覽館、放映室、媒體藝術中心及辦公室。「兩個組織結合在一起，其實並不意外，」在兩家組織工作過的盧恩．耶姆克說：「事實上，這樣的規畫是正確的。一開始，費雪就將赫華斯視為搖滾寶貝的典範。他常常說自己不是藝術家，但其實他是，他所擅長的藝術，就是幫助藝術家創造作品。」

「有時我告訴安妮，商業就是我的藝術、畫布以及工具，」費雪說：「我喜歡看報表，喜歡數字，她雖然對數字沒興趣，但她一定會知道實際狀況。安妮和我每天都會討論，她會參與每個重大決策，就連小事偶爾也會參與，例如她會親自挑選教堂窗戶的顏色，評估室內樓梯應該呈現什麼樣貌。讓她決定這些小事，只是要確保一切的安排都符合安妮的期望。」

也許他們之所以可以如此互補，是因為他們本來就具備相似的特質。「其實我很務實，」第凡可說：「我有自己的做事方式，而他其實也是一位藝術家，同樣有他自己的表現方式。」

別忘了，創業是手段，不是目的

對這些小巨人創業家來說，創業只是追求熱情的方法，不是目的。我猜想，這正是許多公司創業時擁有魔咒，日後卻逐漸失去的問題所在。

從車庫起步到茁壯的過程中，很多創業家在某個時點後往往開始偏離，為世界帶來又棒又獨特的產品，不再是他的優先項目。尤其當第二或第三代接班時，熱情不復存在，這家公司會變成純粹創造收入的財產。被購併的公司反而未必有這種情形，因為購併者通常會欣賞這樣的熱情，或相信公司的宣言。他們願意買下這家公司，正是因為他們相信這樣的特質可以讓公司更賺錢。

當魔咒消失，員工願意來這裡工作，往往只是因為他們需要一份工作。顧客願意購買產品或服務，是因為它們讓顧客覺得划算，公司只是一組賺錢機器。

這樣有什麼不好？從某個角度來看，沒什麼不好。健全的經濟體都需要這種類型的公司，而且需要很多家。如果沒有這種企業，我們的生活品質將遠遠不及現在。他們繳稅，他們提供我們需要、想要的產品和服務。他們從事慈善事業，做很多有意義及值得讚揚的事情。如果他們的經營都能像吉姆．柯林斯在《從A到A⁺》或他和傑瑞．薄樂斯合著的《基業長青》中所描寫的模範企業一樣，那也很好。就算沒那麼優秀，也對我們國家的長期繁榮有所貢獻，我們也應該要感謝他們。

但對有些創業家來說，一般企業所做的事情太無趣了，不值得他們犧牲自己的時間。他們擁有熱情，或是一個很棒的點子，他們知道生命無法重來，不希望浪費時間，因此創辦公司，追求自己的熱情、尋找自己的幸福，他們不會忘記當時創業的初衷，以及如何擁有今天的成就。隨著事業的成長，他們仍會持續做他們熱愛的事情，為世人帶來又棒又獨特的東西。

看看這些故事，你會明白成功有另一種選擇

當你看到他們做的事情多麼有趣，帶給他們這麼豐厚的回報，你很難不回頭問問自己：我正在做的工作，讓我感到滿足嗎？如果你的答案是「否」，那麼書中的這些人就是活生生的證明，告訴你其實可以有另一種選擇。

正如同我在〈前言〉中所說的，在一路走來的研究中，我目睹非常多成功的小巨人，但無法全部寫入書中。其中有些公司和安可啤酒、克里夫能量棒一樣知名，有些則除了少數與他們有直接接觸的人之外，幾乎沒人聽過。我猜想，也許有上百家、上千家類似的小公司就在我們身邊，在全國各地不同角落從事著有意義的工作。你只需要去觀察，就能發現他們。

當我即將結束這本書的研究時，我和太太跟一對夫妻同住在麻州劍橋一棟舊式維多利亞房子裡，我們決定要重新粉刷房子。住在這裡已經二十年，也粉刷過很多次，但每次雇用的油漆工都讓我們不太滿意。有位鄰居的房子粉刷得還不錯，我們都非常喜歡。於是決定聯絡那位油漆工，想請

他來幫我們。

他名叫彼得・鮑爾，公司名稱是「新希望承包公司」（New Hope Contracting）。他一頭深色頭髮、充滿活力、戴著眼鏡、有著陽光般的個性及虔誠的信仰，絕對是我見過最盡責的油漆工。他有很好的設計感與品味，在他的指引下，我們和鄰居挑選了六種顏色，用來粉刷房屋前面、後面、兩側以及門窗裝飾。接著，八名油漆工來到我們家，開始工作。

他們的年齡從十二歲到五十七歲都有，但與一般油漆工相較，他們更友善、快樂、勤奮，這些人正是你夢寐以求的油漆工。他們工作時間很長、非常努力、絕不偷工減料、迅速把所有東西卸下來放入儲藏室、移除家具、把床架疊起、修復破損窗框。他們就像是你的專屬助理，幫助你處理生活上頭痛的瑣事。工作時，他們會相互開玩笑，但態度親切，而且不論是在切割、磨砂、填充、粉刷、清潔或吃午飯時，似乎都非常快樂。他們讓這棟房子煥然一新，而且不需要有人監督。鮑爾出現時，主要只是提供一些協助。

當他們完成工作之後，我突然想到，他們的公司和這本書中提到的企業非常類似。我想是其中一位名叫吉恩・派帝佛特（Gene Pettiford）的資深油漆工提醒了我，因為我問他，在鮑爾工作了多久了？

「十年。」他說。

「就一家油漆公司來說，算是很長的時間了，對吧？」我說。

「喔，是啊，」他說：「但我不是在這裡工作最久的，史帝夫做得最久。」

「他在這裡幾年了？」

「十七年。」吉恩說。

史蒂夫‧昆恩與吉恩差不多都是三十五歲左右，我想史蒂夫必定是從十五歲就在這裡工作了。之後鮑爾告訴我所有員工的年資：羅伯‧莫瑞諾工作九年，名叫克里斯‧波音頓的美國人工作六年，名叫克里斯‧賀威爾的英國人工作四年。鮑爾的兒子丹尼二十五歲，九歲開始就為他父親工作，未來不打算離開。油漆公司的流動率向來很高，一個月大約可高達五〇％，原因在於這份工作有淡旺季之分，再加上工作人力的特性，因此高流動率是可以理解的。

因此一家員工平均年資將近十年的油漆公司，必定有其特別之處。我做了更深入的調查發現，新希望承包公司完全符合當初我用來篩選小巨人企業的指標，而且具備了小巨人所擁有的明顯特徵。

我之所以提到這段故事，主要是說明：魔咒雖可貴，但並非那麼稀有，擁有魔咒的企業四處可見。就像在德國有許多中小企業（其中多半是家族企業），被視為「德國經濟的支柱」，我不敢說這些小巨人是美國經濟的支柱，但是他們付出所有的心力，為我們樹立了卓越典範。

這些企業不只是企業，更是一種生活方式。他們塑造了我們居住的社區、我們生活所依據的價值觀以及我們的生活品質，如果能有更多類似的企業，我們的世界會變得更美好。

第10章

下一步……故意大？

十年來，小巨人們的抉擇

十年，可以改變很多事。自從這本《小，是我故意的》出版十年來，很多事情的確變了。

就像我在第七章說的，瑞爾公司在驚險中逃過破產命運，但瑞休公司就沒那麼幸運。第八章我們看到艾科公司如何被收購，諾姆．布羅斯基在二〇〇七年以一．一億美元將城市倉儲大部分股權賣給一家私募基金，費里茲．梅泰在二〇一〇年將安可啤酒公司賣給兩位在酒業實戰經驗豐富的老手。

所有權轉換只是改變之一。對照十年前後，其實所有的公司都變得不一樣了。這也不意外，我們都知道，在商場上唯一不變的就是變。改變的背後有各種可能的原因，有時候是因為總體經濟因素，有時候是特定產業的趨勢變化、科技發展、消費者行為改變，或新的政府規範和計畫等等。有些改變是刻意的，因為他們不斷精進，有些則是因為領導人年事漸高而不得不變。

商場上，沒有永恆不變這回事——小巨人也不例外

很多時候，同一家公司可能會同時經歷不只一項改變的衝擊。例如瑞爾公司，在應付核心事業（也就是筆電軸承）衰退的挑戰時，同時還要面對經濟大衰退、訂單大減的困境。同樣受到大衰退波及的還有戈茲集團，傑．戈茲開設的「傑森家庭」（Jason Home）營業額幾乎是在一夜之間下滑三〇%，消費習慣的改變及平價材料店的激烈競爭，使得裱框業陷入苦戰，過去十年，全美國裱框店面從二萬五千家大幅縮減為八千家。營業額衰退三〇%的藝術家裱框服務公司為了提振營業額，開始代理義大利和西班牙製造的模具給全美裱框店面，二〇一五年，戈茲集團的營業額恢復到二〇〇八年的水準，靠的正是後來才轉進的批發業務。

巴特勒建築公司也因為經濟大衰退而嚴重受創。原本巴特勒應兩大客戶——好市多（Costco）和 Target——的要求，在亞利桑那州成立據點，後來這兩家客戶觀察到經濟泡沫的徵兆，決定撤銷展店計畫，這一來——套句比爾．巴特勒的話說——也讓公司「處在懸崖邊」，被迫裁撤三〇%的人力。比爾和他的管理團隊知道，必須重新思考因應市場變化的方法才行，於是開始推動多角化經營，傳統業務占比從五〇%降為二〇%，改以新的客戶群取代，包括學校、住家房屋開發商、高成長的科技公司，例如 SurveyMonkey 和 WhatsApp。二〇一五年，位於加州的三個辦公室員工人數，成長到一百九十七人，營業額將近三億美元，客戶也比十年前更多元了。

搖滾寶貝唱片公司的改變，主要源於第凡可的個人因素。二〇〇七年時她已和安德魯・吉爾克里斯特離婚，和新任丈夫麥可・拿坡里塔諾（Mike Napolitano）生活在一起，還生了一個女兒，取名為佩塔（Petah）。二〇一三年她生下兒子丹提（Dante）後，將原本一年舉辦一百二十場的巡迴演唱，降為一年四十場。隨著演唱會收入和演場會現場周邊商品銷售減少，搖滾寶貝營收也大幅縮水。同時，公司還面臨音樂光碟銷量衰退、新網路音樂平台崛起的挑戰，例如iTunes和Spotify。於是，史考特・費雪決定：縮減搖滾寶貝的規模，二〇一五年公司營業額跌至二〇〇五年的三分之一，員工人數也從原本的十二人降為五人。過去，第凡可必須在水牛城和紐奧良兩地之間來回奔波，當佩塔開始上學，第凡可決定留在有「快活之都」之稱的紐奧良，費雪則留在水牛城，負責公司的營運。

以前幫人家代工，現在自己生產內容

看完前面談到的瑞休公司破產故事後，你可能會好奇：當各地政府想盡辦法利用各項補助和減稅政策，吸引電影公司遠離好萊塢，改到其他國家或城市拍片，好萊塢其他視覺特效公司的命運又是如何呢？

對錘頭公司來說，原本共同創辦人丹・喬巴和傑米・狄克森很有自信，認為公司將會安然度過。但到了二〇一三年，危機之火還是燒到了錘頭公司，他們再也無法像過去那樣賺到錢了。「我們的特效製作沒有任何獲利，這是極度不尋常的現象，」喬巴說：「工作量大，卻賺不到錢。」

危機重重下，喬巴和狄克森努力思索可能的出路。出路之一，是把公司賣給大型電影公司，但這一來他們會淪為大企業下的小公司，成為別人的員工。另一條路是募集資金，然後到溫哥華成立公司，取得當地政府的補助，但公司沒人支持走這條路。

假如以上兩條路都不可行，在不考慮結束營業或另起爐灶的前提下，他們所能想到的唯一可行方案，就是轉型——從過去為電影製作公司提供視覺特效服務，轉型為一家電影製作公司。轉型的目的，不是要和其他電影公司直接競爭，而是讓錘頭公司轉型成為一家原生內容製作公司，因為這本來就是他們擅長的領域。

錘頭公司早在十年前就於韓國首爾成立一家動畫公司，跨足原生內容的生產。「不過當時有點玩票性質，」喬巴說：「純粹只是好玩，我們製作了九部電腦動畫長片，都是幫別人做的，我們並非影片的擁有者。對我們來說，那是逐步熟悉內容生產的一種方法。」

二〇一一年，女富豪莫琳．薩金特．葛曼（Maureen Sargent Gorman）邀請他，將她最喜愛的童書《篷車兒童》（*The Boxcar Children*）改編成電影。喬巴對於要將這部一九二四年出版的經典故事改編成動畫電影感到非常有興趣，但是他擔憂發行問題。他聯繫了幾家他認識的電影公司，都建議改寫故事內容，盡量符合當前時空背景，例如小孩拿著手機、多一點衝突場景等。他將這些建議轉達給葛曼，但馬上被她打槍。她希望故事能忠於原著，但喬巴提醒她，如果到時候票房差，她的投資就會血本無歸。

可是她不為所動。於是喬巴找了兩位同事，一起執行這個案子，並邀請知名影星為動畫配音。葛曼負責出錢（而且堅持要獨資）、擔任執行製作人，鍾頭製作公司除了執行之外，還能擁有二〇%的所有權。二〇一四年八月電影完成拍攝，參加各地電影節贏得不少獎項，喬巴和葛曼都很滿意。「透過新科技，我們讓這部電影看起來就像一本書。」他說。

二〇一四年八月在芝加哥舉辦的慈善放映活動時，喬巴終於明白為什麼有這麼多人喜愛這部電影。那一天，所有參加放映活動的小孩和父母，都必須帶一本童書進場。活動的贊助單位是一個兒童閱讀的推廣團體，原本預計會有一百五十人參加，結果來了超過七百人，必須排隊兩小時才能進場。「有家長跑來向我說謝謝，製作了這部好電影。」喬巴說。他們後來不斷收到電影節的邀請函，放映活動也一場接一場，最後還在Netflix和Amazon上架，在傳統電影發行管道之外創造了新營收來源，大大賺了一票。

《篷車兒童》的成功，為鍾頭公司指引了一個新商業模式。他決定買下超過五百本的童書電影版權，包括詹姆斯・克洛伊德・鮑曼（James Cloyd Bowman）的《佩科斯比爾》（*Pecos Bill*）、葛瑞米・貝斯（Graeme Base）的《海馬新樂園》（*The Sign of the Seahorse*），而且預計每年拍攝四部童書改編的電影。他找電影公司洽談發行合約，讓這些電影有機會在電影院、大型量販店如沃爾瑪百貨放映。

在此同時，另一位夥伴傑米・狄克森也沒閒著。先前他在夏威夷參與電影《飛越情海》（*Aloha*）的拍攝時，領養了一對「傑克森三角變色龍」當作寵物，還把這對變色龍帶回美國。這兩隻變色龍後來繁衍成了十五隻，狄克森開始製作傑克森三角變色龍的動畫，然後帶著作品與夢工廠（DreamWorks Television）的一位高階主管會面。對方非常喜歡狄克森的作品，並同意為變色龍量身訂做節目，好奇變色龍卡爾（Carl the Cranky Chameleon）於焉誕生。

節目在二〇一五年八月於YouTube首播，變色龍卡爾在《好奇卡爾熱門動物影片負評》節目擔任主持人。節目中，動畫製作的傑克森變色龍對網路上瘋傳的動物影片（在網路上，動物影片是最熱門的內容主題之一，這個節目鎖定的目標觀眾群就是那些特別愛看動物影片的人）進行負評。爆紅之後，狄克森把整套內容賣給了夢工廠。另外，他也製作一系列十一分鐘的動畫短片，主角是一位名為凱蒂・史坦頓（Katie Stanton）的十五歲少女，在她爸爸開車載她去學校的途中，做著青少年女孩會有的各種白日夢。狄克森鎖定的買主，是想切入青少年女孩市場的企業。

換言之，從那時候起，鍾頭製作公司從專門接案子的視覺特效外包廠商，轉型為原生內容製作公司，並擁有內容的所有權。在轉型過程中，他們不僅要構思好的故事、鎖定可能的潛在市場和顧客，同時還必須開發或學習新科技，讓動畫製作流程更順暢，而且故事影片的拍攝能呈現出他們想要的效果。

這樣的轉型，其實是一項浩大工程，在二〇一五年中，原生內容已占公司整體營收的五五%，遠高於前一年的二〇%。到了二〇一五年底，原生內容的占比攀升到九〇%。雖然公司勉強達到損益兩平，不過他們擁有的內容在未來可以持續創造營收。

回首過去，他們明白了一個道理：規模。「維持小型公司的規模，才能保持最大敏捷度。」狄克森說。敏捷，是存活的關鍵。

小巨人很棒，但大集團的財務規畫也很厲害

如果我現在動筆寫一本全新的《小，是我故意的》，而不是修改原始的版本，必定會加入一些當年沒接觸過的公司。其中有許多小巨人創業家是我後來才認識的，例如貝瑞健康（BerylHealth，專門為各大醫院提供病患通訊委外服務的領導廠商），這家公司的共同創辦人兼執行長保羅．斯皮格曼（Paul Spiegelman）和我共同成立了「小巨人社群」（Small Giants Community，網址為www.smallgiants.org），透過社群的討論，再加上我們與《富比士》雜誌合作選出年度小巨人企業排行榜，讓我進一步認識了數百家選擇「變偉大，而不是變大」的公司。

前面提到，我前一版中提及的企業當中，有些已經不再是小巨人了。瑞休影片製作公司——或者應該說，約翰．休斯所領導的瑞休——已經因破產而被收購，如今的瑞休只是另一家大集團旗下

的附屬單位。塞利馬公司也已消失了，創辦人塞利馬．史塔佛拉已高齡九十幾歲，無力負荷公司的日常營運。

書中的另外兩家小巨人——城市倉儲與艾科——則是賣給了大集團。說到賣公司，諾姆．布羅斯基找買主時，打從一開始就將大型同業排除在外，因為他擔心被同業併吞之後，他的員工將會工作不保。他在二〇〇七年十二月，將公司多數股權賣給聯合資本（Allied Capital），但沒想到就在同一個月，美國爆發經濟大衰退，聯合資本撐不過去，在二〇〇九年被艾瑞思資本企業（Ares Capital Corporation）收購，後者也成了城市倉儲的最大股東。二〇〇九年五月，艾瑞思又將持股賣給了另一家大企業：里格公司（Recall Holdings，一家澳洲數據檔案管理公司）。

布羅斯基意外發現，里格公司是很好的企業，就布羅斯基看來，他們一開始就把每件事都做對了。在二十四小時內，北美分公司的總裁和領導團隊來到城市倉儲的辦公室和每位員工單獨面談，保證他們的工作不受影響，福利甚至比以前還好，全公司的士氣因此開始回升。

至於艾科，被伯恩企業收購之後，也經歷了一段很長的調適期，過程中讓資深主管們痛苦萬分。伯恩指派一位資深主管丹尼斯．康隆（Denis Conlon）協助艾科完成收購流程，他是一位態度強勢、要求嚴格、不苟言笑的人，特別是談到跟財務有關的事情時。但事後回想，艾科的領導團隊非常肯定他所做的一切。

「我必須說，我們從他身上學習到如何從財務角度評量企業，」當時擔任執行長的克里斯．湯普森（Chris Thompson）說。「在此之前，我們自認為對財務非常熟悉，但他讓我們學會像他一樣從財務角度看待企業。」

其中最痛苦的考驗，是編列年度預算。伯恩旗下的每家公司都必須向費城總公司提出未來一年的預算規畫，同時還要準備各種說明文件。「這個過程讓我們學會用過去不曾使用過的方法去看待事情，我們必須改變文化，當時真的很痛苦。」

之所以痛苦，是因為必須破除一些根深柢固的習慣。例如，艾科過去會為了刺激別的產品銷量，而同意降低某些產品的定價，湯普森解釋：「我們願意接受較低的毛利率，是因為可以幫助帶動其他事業的銷售。」但是康隆的想法不同，他認為除了營收成長，獲利也必須成長，每項產品都必須賺錢才行，如果有必要，艾科得做出痛苦的決定，例如漲價。

在賣給伯恩之前，艾科的獲利率接近業界平均。在艾德．席曼卸職之後接任執行長的克力斯．馬紹爾（Chris Marshall），曾任職於三家不同的安全設備公司，雖然他認同公司還有改進的空間，但是他很懷疑是否能達到伯恩設定的獲利率目標。「他們帶給我們很大的壓力，」馬紹爾說：「他們希望所有事業單位都能獲利，包括ＯＥＭ部門，我們認為不可能。但我們告訴自己：何不努力一下，看看結果會如何？」

結果，公司的平均獲利率提升了五〇%，成果相當驚人。「沒有伯恩，我們不可能做到，」馬紹爾說：「他們讓我們學會用不同思維去看待事情，用不同角度讓我們理解可以達成什麼樣的成果，今天我們才能很有自信地說：是的，天下無難事。」

要懂得放手，換人做未必比你差

前一版提到的小巨人當中，規模最大的一家是歐希泰納，總員工人數高達一千七百二十二人，每年營收達到三．四四億美元。當時我之所以把這家公司納入，是想讓大家看看小巨人可以達到多大的規模。創辦人歐伯特．泰納在公司打造出一種像家一樣的溫馨氣氛，即便員工人數已經高達一千人，他仍努力維持這樣的工作氛圍。而他也確實做到了所謂的「人性規模」──每一位員工每年至少可和他面對面接觸一次，他會在感恩節當天發送每位員工一百美元紙鈔，他叫得出員工配偶和小孩的名字，關心他們的家庭生活。

然而，並不是每位領導者都像他一樣。他的繼任者肯特．莫達克就認為，公司的管理有必要進行調整，才能應付二十一世紀的挑戰，特別是大幅提高營運效率，並且調整企業文化，改掉過去的家長式作風。莫達克在二〇〇九年卸下執行長職務，由在歐希泰納工作長達二十六年的資深元老大衛．彼得森（David Peterson）接任，他同樣認為持續提升效率是很重要的。二〇一五年，公司的營收比前十年提升了三分之一，增加了將近一．二億美元，達到四．六三億美元，員工人數則減少一百九十八人，降為一千五百二十四人。我想，有些人或許會問，是否真有公司在規模這麼大、員工這麼多之後，仍然能守住當年的初衷。以歐希泰納而言，至少在二〇一六年，沒有跡象顯示它失去了過去所擁有的魔咒，高達九〇%的員工認為這是一家適合工作的好公司。在《財星》雜誌年度百大最佳雇主名單中，有高達三十家是歐希泰納的顧客。

另一家在這十年間被收購的小巨人，是安可啤酒公司。值得一提的是，這家公司直到今天仍然是家小巨人。之所以如此，要歸功於新股東不僅有足夠財力，也願意在不犧牲魔咒的前提下，持續讓公司成長。

梅泰是在二〇〇五年下定決心尋求買主，但只透露給幾位好友知道。他想要賣掉公司的最主要原因是：自己年紀大了。當時他已經快七十歲，體力已大不如前，不再像過去那樣有活力，每天在釀酒廠爬四層樓樓梯上上下下。

「很久以前我就告訴自己，有一天當我無法一次爬兩層樓樓梯時，就是我退休的時候到了，」他說：「然後有一天，我發現自己一次只能爬一層樓！我心想，天哪！這一天終於來了！」而且他也厭倦沒完沒了地處理每個事業部門的問題。「當時我們遭遇了一些嚴重的狀況，現在已不記得細節了，但我突然驚覺：這是我們第N次遇到相同的問題了吧？我覺得累了，想退休的企業家，大概都有這種感覺吧？」

此外，他所開創的精釀啤酒市場這些年來不斷成長，花樣越來越多，反而讓他不想繼續跟著潮流走。「現在全國有超過四千家小型釀酒廠，每個月都會釀出口味創新、令人驚豔、風味獨特的啤酒。這讓我感到很有壓力，也必須設法釀造屬於我們的創新口味啤酒，像是草莓黑啤酒等等，但我不想這樣做。」

經過全盤的考量，梅泰決定：是時候，該賣掉公司了。他決定不將公司賣給員工或主管，而是向外尋求買主。他先與一位經手過幾件小型酒廠收購案的顧問討論，如何賣掉釀酒廠及他蓋的一座小型蒸餾廠（主要負責釀造裸麥威士忌和杜松子酒）。「先決條件是，」他說：「買主必須來自舊金山，或是願意住在舊金山的人，會以身為舊金山人感到驕傲，最好年紀要輕，能長期經營公司。否則，現在房地產市場疲弱不振，我擔心買主可能會把公司搬到其他城市，把舊金山的廠房出售。我希望他們有足夠的財力，善用機會創造成長並度過危機。」

這位顧問立刻想到一位——應該說是兩位——符合梅泰條件的買主：湯尼．佛哥里歐（Tony Foglio）與凱斯．葛瑞格爾（Keith Greggor），他們分別是斯基酒業公司（Skyy Spirits）的執行長和營運長。這家公司最有名的產品，便是「斯基伏特加」（Skyy Vodka）。這位顧問告訴梅泰，他們兩人正打算離開斯基，自行創業。後來他們拜訪了釀酒廠，由梅泰親自導覽，但結束後兩位向梅泰表示，他們沒有意願收購。

於是梅泰繼續尋找買主，接下來四年時間，有兩次差點成交，一次因為是對方讓他不放心而破局，另一次則是因為二〇〇八年股市崩盤，收購案談不下去。沒想到，二〇〇九年夏季，佛哥里歐和葛瑞格爾回心轉意了，他們說先前決定不收購，是他們人生中最大的錯誤。如果安可還在尋找買主，希望可以和梅泰談談他們的計畫。

其實上一次拜訪安可之後，佛哥里歐和葛瑞格爾就辭職了，另行創辦一家公司：格林芬集團（Griffin Group），二〇〇八年他們收購了一家叫作普雷斯進口公司（Preiss Imports）的烈酒發行商，並因此取得兩種酒款的發行合約：蘇格蘭精釀啤酒「野釀犬」（BrewDog），以及由家族經營的澳洲酒廠所釀造的「庫柏斯」（Coopers）。

「我們原本是為了烈酒生意才收購那家公司，但卻因此拿到了幾款高品質啤酒的發行權，」葛瑞格爾回想二〇一五年時的情景說道：「這些啤酒讓我們驚豔，也因此對精釀市場產生興趣，二〇〇九年六月，我們投資野釀犬，正式進入精釀市場。」

「上一次拜訪時，我們還不知道該往哪個方向走，」葛瑞格爾說：「但到了二〇〇九年，我們已經看見機會，我們打算收購安可啤酒公司之後，結合啤酒和烈酒產品成立新的企業體：安可釀酒公司（Anchor Brewers and Distillers）。」他們向梅泰說明這項計畫，梅泰也欣然同意。

葛瑞格爾和佛哥里歐很清楚梅泰心裡想什麼。「他最在意的，是新股東是否願意承諾保留安可品牌、留在舊金山、繼續發揚四十五年來他所堅持的價值，」葛瑞格爾回憶：「對我們來說，發揚這些價值是天經地義的事。」「我很高興，」梅泰說：「但我也告訴他們：未來兩年不能裁員、不能砍員工福利。」二〇一〇年八月四日，收購案底定，收購價也非常合理。

五年後，梅泰對於公司的發展很滿意，新股東確實說到做到，不僅沒有裁員，還繼續讓梅泰的外甥約翰・丹納貝克（John Dannerbeck）擔任安可釀酒事業總裁，甚至推舉公司老臣、任職長達四十年的馬克・卡本特（Mark Carpenter）擔任執行長。這段期間，公司成長快速，成了舊金山最大的酒廠。自從被收購之後，增加的員工人數高於舊金山其他酒廠，而且旗下所有產品都產自波特雷羅山釀酒廠。今天，啤酒產量是過去的兩倍，除了原有口味之外，還新增了二十多種新口味的啤酒產品。「我不知道他們是怎麼辦到的，」梅泰說：「他們生產那麼多啤酒，實在難以想像。而且他們還要生產更多，所以他們做了一個聰明的決定：留在舊金山，和舊金山巨人隊及舊金山港合作，非常有創意。」

這項合作計畫，是在舊金山巨人隊主場「ＡＴ＆Ｔ球場」旁，開發一個橫跨麥考維海灣（McCovey Cove）、包含碼頭四八（Pier 48）在內的海濱園區，名為「任務岩」（Mission Rock）。安可啤酒公司會在園區內興建釀酒廠、蒸餾室、餐廳、博物館和教育館，並沿著碼頭興建活力步道，讓民眾可以看到內部設施。安可公司會舉辦導覽活動、分享精釀啤酒歷史、手工蒸餾技藝及安可公司的歷史。新釀酒廠落成之後，讓安可公司每年除了波特雷羅山酒廠的十八萬桶產能之外，還可再增加五十萬桶產能，並增加二百個工作機會。在此同時，安可還興建了一座啤酒花園，就位在「任務岩庭院」（The Yard at Mission Rock）內，「任務岩庭院」是一座由改造貨櫃屋組成的移動村（pop-up village），有商店、餐廳，還會舉辦文化活動，希望成為當地居民集會場所。舊金山博物館與歷史協會（San Francisco Museum and Historical Society）因為安可公司「對於舊金山和精釀啤酒歷史的特殊貢獻」，還特別頒發感謝狀，由梅泰親自領獎。

成功了、幸福了，不等於你就可以停下腳步

這十年來，我當年所寫的企業當中，有三家表現特別傑出，也證明了一件事：即使已經擁有最棒的企業文化、最有效的管理方法，仍有進步的空間。

這三家公司分別是：克里夫能量棒公司、聯合廣場餐飲集團、辛格曼商業社群。

相較於二〇〇三年我第一次拜訪克里夫能量棒公司舊總部所看到的情景，在我二〇一五年再度造訪時，他們表現得更為出色，規模也擴大許多。過去十年，公司每年成長率達二一％，員工人數成長四倍，從大約一百人增加到超過四百人。

為了應付業務成長，二〇一三年將總部遷往位於加州愛莫利維爾市附近、占地一一．五萬平方英尺的新工廠。為了打造環保的工作空間，牆壁使用的是可回收的木材，屋頂架設太陽能板，並使用舊牛仔褲當作隔熱材料。大部分員工坐在明亮、開放、空氣流通的中央區域，高達二十六英尺的挑高天花板懸掛著腳踏車。總部園區裡有辦公室、會議室、四座中庭花園、研究用廚房、員工經營的餐廳和咖啡館、育嬰中心、擁有四百人座位的電影院以及健康中心，健康中心裡有健身房（還有攀岩牆）、重訓教室、瑜珈教室、舞蹈室及飛輪車。為了鼓勵員工多多利用健康中心，公司還開設

瑜珈、拳擊等各種課程。

創辦人蓋瑞．艾瑞克森和妻子凱特在二〇一〇年，還做了一件讓員工士氣大振的事：將公司二〇%股權分給員工。「員工的熱烈回應真讓人感到不可思議。」當時擔任總裁與營運長的凱文．克瑞利說。

其實早在配股之前，員工們對公司的凝聚力就已經很高了，也順利幫公司度過危機。二〇〇九年一月，美國食品藥物管理局宣布美國花生公司（Peanut Corporation of America）位於喬治亞州一座工廠所生產的花生奶油與花生產品，是導致沙門氏菌感染爆發的來源之一，在四十六州總共造成九人死亡、七百一十四人送醫，並引發美國史上最大規模的食品回收事件，超過三百六十家公司、將近四千種產品曾使用美國花生公司的產品作為食材。

克里夫能量棒不是美國花生公司的直接客戶，但他們發現，其中一家供應商的上游廠商曾購買少量由美國花生公司製造的花生產品。雖然克里夫能量棒有非常詳細的食物安全規定和測試流程，對於自己的產品安全很有把握，但發生了這樣的事，艾瑞克森和凱特還是決定回收所有含花生食材的產品，「我們不希望消費者有任何疑慮。」他說。

從市場上回收產品是非常複雜的浩大工程，他們必須將全國零售店、量販店架上的克里夫、露納、魔咒等產品全部回收。為了處理危機，全公司總動員起來。當時擔任營運長的克瑞利，努力讓危機有圓滿的結果。「我告訴大家：讓我們努力化解這場危機，並利用這個機會和顧客溝通，更加了解顧客。」他所指的「顧客」，是銷售產品的零售商和發行商，而非食用這些產品的消費者。

解決危機最重要的關鍵字，是「透明」。「我們開誠布公，」艾瑞克森說：「我們不會隨便敷衍任何人，我們會告訴他們事情的進展，並快速採取行動，我們不希望掩蓋事實，也不會做出我們無法實踐的承諾。零售商都非常讚賞我們的做法，也很支持我們。」

「我們向零售商承諾新產品重新上架的時間，也確實做到了。」克瑞利說：「員工們連續三個月都在打電話溝通，包括我自己。我們接了大約二萬六千通詢問電話，盡可能快速回電，大家都盡了全力。」顧客們都感受到克里夫的努力。艾瑞克森說：「有一家大型連鎖店的副總裁告訴我，她從未看過有一家公司像克里夫一樣，用善意、真誠的態度面對危機。」

「那一年營業額的成長比較差，只有一一．九％，」克瑞利說：「但我們處理事情的方式，使得我們成長為一家成熟的企業組織。顧客和消費者對我們的信任度更高，因此我們隔年的營業額成長率高達四五％。」

員工流動率低是企業成功指標？不，我錯了

聯合廣場餐飲集團是另一個規模越來越大、經營越來越好的小巨人企業。除了歐希泰納之外，這本書前一版所提及的小巨人企業當中，沒有任何一家在後來的十年像聯合廣場一樣大幅成長，也

沒有任何一位企業老闆像丹尼．梅爾一樣大幅改變經營哲學。

「我現在的人生座右銘是：運用成長，建立企業文化。這和我過去所想的完全相反，以前我總認為，成長會破壞文化，」他說：「後來我的想法一百八十度大轉變，現在我認為，合理、速度適中的成長，是強化企業文化所需要的動力，因為文化也需要成長，你最不該做的一件事，就是試圖維持既有文化不變。」

二〇〇八年，他在曼哈頓上西城開了第二家餐廳「擺動小屋」，之後陸續開了好幾家分店，二〇一四年底已經在九個國家共有六十三家分店、整體營業額高達一．四億美元。於是梅爾決定將擺動小屋獨立成為一家公開上市公司。不過他對成長和文化的想法有所轉變，倒也不是因為看到擺動小屋的爆炸性成長。

真正改變的時機點，是他雇用「最佳職場研究所」（Great Place to Work Institute）執行第二次全公司員工調查之後。因為兩次調查結果都讓梅爾相當失望，他發現員工沒有明顯進步。於是，他挖角最佳職場研究所的副總裁艾琳．莫瑞恩（Erin Moran）加入，梅爾還為她創了一個新職務名稱：文化長。深入研究之後，他們發現了一個問題：「很多人是因為聽說了我們有很棒的企業文化而加入，但他們加入公司之後，卻發現和原先預期的有落差。」梅爾認為，落差很可能與二十五位任職多年的資深主管有關。

「過去我一直以為，低流動率是企業成功的象徵，」他說：「現在發現並非如此，相反的，我們應該在對的時機，吸引對的人加入、讓不對的人離開。因此在二〇一四和一五年，分別有多位資深主管離開公司，我們也成功吸引符合我們文化的新人加入。」

「我總覺得創辦這家公司，就像是成立一個家庭，在家庭裡，沒有人會離開。我太在意要留住所有的人，這是好事——公司和資深主管之間存在信任，是很美好的事情。但企業畢竟不是家庭，有時候，你如果不讓某些人離開，指令就很難說到做到。這是過去幾年來，讓我覺得最困難的一件事。」

那次教訓，迫使梅爾重新思考文化，包括公司挑選「文化大使」的方式。梅爾每開一家新餐廳，都會指派一個人進駐，作為其他員工的典範，這位員工就叫作「文化大使」。「設立文化大使傳遞了強而有力的訊息給所有員工：想在專業領域做得更好、收入更高，就必須和他們一樣。」他說：「每一次指派文化大使、將他調離當時職務，我們都很謹慎挑選接手他職務的人選，這樣一來，公司的成長才能幫助強化我們真正重視的價值。如果公司沒有成長，這些職位上的人都會開始倦怠。」

梅爾要強調的，是成長的重要性，因為成長會創造改變，改變會帶來機會，讓你變得更好，當然，前提是你有看到機會。十年前，他沒有去開發這些機會，因為他一心一意要維持公司的規模，害怕成長會弄巧成拙。但後來他也學到教訓，**真正威脅公司的不是成長，而是停滯**。

為了幫助公司成長，他所採用的做法之一是改革人事決策——讓哪些人升遷、擔任主管、擔任餐廳的文化大使。透過人事決策，公司可以傳達正確的訊息給員工。另一個重要的做法是改善內部溝通，「我明白了，就算我很會演講，並不等於我知道怎樣與同事們坦誠溝通，」梅爾說：「我的意思並不是說我以前會隱匿消息，而是我現在學會了分享資訊，過去我不知道這件事有多麼重要。今天，我們有一位全職的內部溝通總監，負責確保每個人都能透過最好的管道取得訊息。」

另一個很好用的管理工具，其實就近在眼前，只是梅爾過了許久才發現。他常常旅行，每到一個地方都有人告訴他，有多麼喜歡他寫的書《全心待客》（*Setting The Table*），很多公司要員工讀這本書，因為書中詳細解釋了什麼是「有感款待」。「我突然想到：別人這麼認真研究我們的管理祕訣，難道我們自己的員工不需要讀這本書嗎？」後來，出版社發行新版本，加上一篇新前言，換上新封面，書名也改為《我們的工作守則》（*Our Playbook*）。如今公司規定，每一個員工都必須閱讀這本書。員工自動組成讀書會，仔細討論每一章節。雖然聯合廣場今天的規模比十年前更大，但至今梅爾仍有機會和所有員工進行面對面的直接溝通。換句話說，他仍維持在「人性規模」，而且依舊是一家小巨人。

當洗碗小弟也懂得利潤分享，你就成功了

還有一家表現不俗的小巨人，是位於安娜堡的辛格曼商業社群。當初我之所以寫《小，是我故

意的》，正是受到這家公司的啟發。十年來，辛格曼也變了，如今它更適合作為「寧可變偉大，而不要變大」的典範企業。

過去十年來，辛格曼同樣有大幅成長。二〇一五年公司合併營收比十年前暴增超過兩倍，從二千五百萬美元增加為五千六百萬美元，獲利也同樣成長兩倍以上。二〇〇五年，公司的全職員工有二百五十八位，兼職員工一百三十九位，到了二〇一五年，全職員工五百二十五位，兼職員工一百六十六位。十年來，辛格曼共成立了四家新公司，集團總計擁有十一個食品相關的在地事業，包括糖果公司、工作農場和活動展場及韓國餐廳。公司也設定了新的願景計畫「辛格曼二〇二〇」，取代先前的「辛格曼二〇〇九」。

「其中百分之九十的內容，只是再重申之前的願景。」創辦人保羅．薩吉諾寫道，只是新版比舊版更強調達成多元族群和環保永續的精神。

辛格曼之所以能長期表現傑出，還有另外兩個重要因素。第一是採取開放式管理（open-book management; OBM），這是由傑克．史塔克（Jack Stack）和他當時任職於春田再造公司（Springfield ReManufacturing Corp.，也就是現今的春田控股公司）的同事，共同建立的管理原則。辛格曼在推行開放式管理一段時間後，就如同其他許多企業一樣，員工仍無法參與財務決策過程。

「我們知道自己想要做什麼，我們也大概知道應該要怎麼做，但我們沒有追蹤成效，」薩吉諾說：「我們沒考量到的是，你不能只是把資訊拿給員工看，你必須教導他們如何理解這些資訊才行。你必須確保每個人都具備基本的財務知識，理解財務語言。」

剛開始，公司得花費很大的力氣教導員工如何閱讀財務報表，每星期定期召開會議檢視財務結果、規畫和未來預測，許多主管和員工無法理解這麼做有什麼意義。不過漸漸的，大約一年半之後，「開放式財務管理」成了公司文化的一部分。薩吉諾回想起有一天他走進其中一家店的廚房，看到一位年輕的洗碗工從回收桶內取出一個裝有美乃滋的容器，並提醒廚師沒用抹刀清除乾淨就丟棄。「他說，我只是做到收益分享（gain-sharing，也就是鼓勵員工自行訂定目標，改善流程，提升生產效率，為公司降低成本，最後將盈餘提撥給員工的制度），我幾乎要哭了出來，沒想到連高中生洗碗工都能完全抓到重點！」

當美國經濟陷入大衰退，這種開放式管理的威力也真正顯現出來。二〇〇九年會計年度，辛格曼的營收首度出現衰退，原先預期將獲利一百二十萬美元，但後來修正為虧損一萬或二萬美元。其中受創最嚴重的是教育訓練公司「辛格曼訓練公司」以及「辛格曼麵包屋」（Zingerman's Bakehouse），後者有七五%的銷售額來自批發。

陷入虧損的麵包屋兩位管理夥伴法蘭克・卡羅洛（Frank Carollo）和艾美・安柏林（Amy Emberling），在二〇〇九年三月舉行管理會議上宣布，兩人將自願減薪五%，但還不夠，根據他們的計算，麵包屋的現金將在接下來的秋天用罄。因此他們提出多項削減成本的建議之外，希望在場的二十位主管也同意減薪一%到三%。其中一位主管自願減薪五%，另一位主管說他才剛買了新房、小孩剛出生，減薪之後將無法負擔，有些人雖然願意配合減薪，但希望先與公司個別討論，再決定減薪幅度。

接著，在另一場員工大會上，參與者包括了烘焙屋全體一百四十名員工，卡羅洛和安柏林報告了自己與主管們即將減薪之後，也尷尬地詢問在場是否有人同意刪減福利。沒想到，員工們迅速達成共識，刪除了公司提供的免費餐飲，以後的餐飲改為員工自理，這樣一來，每年可幫公司省下七萬美元。

「要不是開放式管理，不可能發生這種情況，」薩吉諾說：「如果當時艾美和法蘭克不是先自己減薪，而是打從一開始就先刪減員工們的福利，員工的反應會大不相同。」最後，麵包屋順利度過了艱困的一年，沒有裁員，員工士氣絲毫未受影響。當經濟復甦，先前被減薪的主管，也恢復原有的薪資水準。

偉大並非目的地，而是持續的旅程，而且沒有終點

麵包屋並非個案。「所有公司都曾做出困難的決策。」辛格曼行政長（實際上就是公司的財務長）羅恩．莫瑞爾（Ron Maurer）說。結果那一年辛格曼整體獲利六十萬美元，而非原先預期的虧損二萬美元。

在同一時期，辛格曼還完成另一項任務。或許該說是因禍得福，二〇〇九年七月薩吉諾正在打網球，突然感覺胸口一陣劇痛，後來事情過了，他也忘了，幾天之後他向妻子羅伊提起這件事，她堅持必須立即求診，醫生檢查之後確定是心臟病。「直到你發生了某種意外，然後醫生說你有冠狀動脈心臟病，這時你才會想到自己的死亡問題，」他說：「通常這種時候，很多人都會對人生有新的想法。」

例如他就想到，他和共同創辦人艾里．溫斯威格終有一天會離開，但公司並未準備好面對這種局面。目前，統合辛格曼旗下企業的是兩位創辦人成立的事業體「跳舞三明治公司」（Dancing Sandwich Enterprise），擁有辛格曼所有公司的智慧財產權及多數公司的多數股權。如果其中一位創辦人突然離世，公司勢必陷入混亂。誰來接手跳舞三明治公司？要如何挑選新的領導團隊？辛格曼旗下的公司要分裂成獨立公司，還是維持現狀？如果是後者，要如何監督這些公司？一場心臟病發的意外，讓薩吉諾意識到有必要面對以上的問題。雖然他們仍希望餘生都能為公司打拚，但是必須為他自己和溫斯威格做好退出準備，為公司擬定接班計畫，

二〇一〇年一月，在舊金山舉行的一場會議上，與會者是「夥伴團隊」（Partners' Group）裡的十六位成員，薩吉諾建議成立公司治理特別委員會，深入研究幾個重大議題，例如未來辛格曼將如何運作。「我告訴大家，我們必須認真思考如何轉移所有權和控制，如果艾里和我都不在了，我們要如何維繫這些社群。我的意思是，現在我們運作良好沒錯，但如果事業夥伴成長到三十個，依

然能有效運作嗎？如果是六十個、一百個呢？」

當時夥伴們一致同意，必須成立一個特別委員會討論這些問題（不過六年後，這個委員會發展成為一個比薩吉諾原先想像還要龐大的專案），他們反覆的討論，當薩吉諾和溫斯威格其中一人或兩人離開時，辛格曼未來要如何運作？透過討論的過程，也讓兩人有機會重新思考一個重要課題：員工所有權。先前他們曾經想推動，但並不順利，一來有些夥伴不贊成，二來是辛格曼的組織結構太複雜，執行不易。不過，現在辛格曼的組織結構已經過改造，是時候重新討論員工所有權的可能性了。

最後，公司治理委員會擬定計畫，工作兩年以上的員工，能以一千美元的價格購買辛格曼社群股份。股東每年可分配股息，金額大小依據辛格曼前一年的業績而定。所有權和公司治理的轉變，除了傳達強力的訊息給員工之外，更能強化以下的事實：對真正的小巨人來說，偉大並非目的地，而是持續的旅程，且沒有終點。

再一次問問自己：想要當大老闆，還是偉大老闆？

我相信，這是《小，是我故意的》書中十四家企業在書籍出版後十年所學到的最重要啟示：每家企業都會面臨挑戰，尤其在經濟衰退期間，絕大多數公司有一天都會陷入困境。然而，有些企業不但活下來，而且比以前更茁壯。

當初我寫這本書時，希望這些企業故事可以激勵那些擁有相似志向的創業家，忠於自己的直覺。但我也相信，小巨人的企業故事能對整個社會有所啟發，不論是大公司或小企業、不論是員工或主管。在商業界，我們太容易混淆規模與偉大，而且誤以為規模越大越好。書中這些小巨人決定將重點放在「偉大」而非「規模大」，也提醒了我們兩者之間不應畫上等號。

不過，要如何成為一家偉大的企業呢？我認為，雖然每個人的答案不盡相同，但光是思考「偉大」與「規模大」之間的差異，就能為創業者帶來極大的幫助。

至於這本書是否達到上述的目的，就留給讀者評斷了。我知道，這本書已經引起數以千計讀者的共鳴，而且不僅限於美國。對我來說，吸引國外讀者真是最大的驚喜，因為我主要聚焦於美國小巨人，所以我原本以為讀者群只會限於美國。但是我很快就發現自己錯了，我收到的第一封來函，是來自印度新德里的讀者，第一篇書評則是刊登在多倫多的《環球郵報》以及總部位於倫敦的《金融時報》上。之後包括澳洲、土耳其、瑞士等國家，紛紛刊登採訪報導和文章。我也收到來自塞浦路斯、巴西、瓜地馬拉、法國、義大利、德國等國家的演講邀請。最近，在北美之外的日本、越南、澳洲、巴西，也紛紛成立小巨人社群。我相信，這些企業領導人得到來自這本書的最大啟發是：明白了在決定要創辦什麼樣的企業時，他們其實可以有不同的選擇。他們未必得創立一家大公司不可，就算能力足以應付。

無論你最後決定成立什麼樣的企業，其實也沒有絕對的對錯。我想，如果《小，是我故意的》可以有助於創業家們明白「我有另一種選擇」，在做決策時更能意識到這一點，那麼，這本書就值得了。

| 延伸閱讀 |

歡迎加入「小巨人社群」

如果你想成為小巨人，今天能找到的協助遠比十年前多。其中最棒的，就是成立於二〇〇八年的小巨人社群，網址是 www.smallgiants.org。

這個社群的創辦者、貝瑞健康執行長保羅．斯皮格曼非常喜歡「小巨人」概念，於是成立一個組織，讓小巨人們交換經營心得與方法。我們平常會定期舉辦座談、線上開講、拜訪小巨人企業，每年還會舉辦高峰會。

《富比士》雜誌在二〇一五年對我們的研究很感興趣，於是採用了我在書中所用的指標，製作了每年一度的美國小巨人企業排行榜。這個排行榜在二〇一六年首度推出，希望藉此讓讀者認識這些優秀企業——他們的產品與服務、他們的企業文化、他們對社區的貢獻。歡迎關注我的部落格與富比士官網。

除了小巨人社群之外，還有許多課程、線上研討會、podcast 等等，也和我們有志一同。其中我特別推薦的是 The Great Game of Business（網址：www.greatgame.com）、Great Place to Work Institute（網址：www.greatplacetowork.com）、Tugboat Institute（網址：www.tugboatinstitute.com）、National Center for Employee Ownership（網址：www.nceo.com）等。另外當然還有小巨人企業自己所提供的各種課程，例如辛格曼社群旗下的 ZingTrain（網址：www.zingtrain.com）、聯合廣場旗下的 Hospitality Quotient（網址：www.hospitalityq.com）、尼克披薩酒吧旗下的 Nick's University（網址：www.nicksarillo.com/nicks-university-leadership-training）。

與小巨人企業相關的書籍也越來越多。諾姆・布羅斯基和我合寫了一本《師父：那些我在課堂外學會的本事》，前陣子才推出新的繁體中文版。二十年來，我們在《企業》雜誌上的專欄繼續關注小巨人企業，歡迎到以下網址搜尋：www.inc.com/column/street-smarts。

辛格曼的溫斯咸格也出了一系列作品，包括：Zingerman's Guide to Good Leading 系列，以及 *Zingerman's Guide to Good Eating*、*Zingerman's Guide to Better Bacon* 等等。

想要更深入理解小巨人企業現象的讀者，還可以讀一讀克里夫能量棒的艾瑞克森寫的 *Raising the Bar: Integrity and Passion in Life* 以及 *Business: The Story of Clif Bar & Co.*，以及 David Batstone 所寫的 *Saving the Corporate Soul &（Who Knows?）Maybe Your Own*。

戈茲也寫了一本書，叫作 *Street-Smart Entrepreneur: 133 Tough Lessons I Learned the Hard Way*。他甚至於二〇〇九年至二〇一四年之間，擔任《紐約時報》「小企業版」的專欄作家。至少截至我寫這本書時，他的文章還能在網路上找到：boss.blogs.nytimes.com/author/jay-goltz/。

梅爾寫過兩本食譜書，不過我更推薦他寫的《全心待客》（*Setting the Table: The Transforming Power of Hospitality in Business*）。如果你想成為小巨人企業，這本書應該找來讀一讀。另外，我也推薦 Bruce Feiler 關於聯合廣場的報導 "The Therapist at the Table"，刊登於二〇〇二年的 *Gourmet* 雜誌。

很可惜，梅泰本人沒有寫書，但我很推薦刊登在《哈佛商業評論》（一九八六年七／八月號）上、David Gumpert 的那篇深度專訪，文章標題是 The Joys of Keeping the Company Small。想回顧安可啤酒公司早年的歷史，我推薦一九八三年發表在《企業》雜誌上、Curtis Hartman 寫的這篇文章 "The Alchemist of Anchor Steam"。

如果你想更認識瑞爾公司，Margaret Lulic 的 *Who We Could Be at Work* 很值得一讀。華舒特自己所執筆的公司發展史也很有意思，但可惜沒有對外發行。關於瑞爾的相關報導很多，我很推薦 Michael J. Naughton 與 David Specht 合寫的 *Leading Wisely in Difficult Times*。

歐希泰納公司沒有出版官方版本的歷史，不過赫曼・西蒙的《隱形冠軍》（繁體中文版由天下雜誌出版）裡也特別以這家公司為案例。另外該公司行銷主管 Chester Elton 也寫過一套「紅蘿蔔系列」（Carrot books），例如 *Managing with Carrots*、*The 24-Carrot Manager*、*A Carrot a Day* 等。

如果你想認識第凡可的政治訴求，你可以聽她的音樂、買她的詩集與DVD，全都能在 Righteous Babe 線上商城（網址是www.righteousbabe.com/store）買到。

瑞休公司的命途多舛，我們可以在紀錄片《少年PI之後》中看得很清楚，從員工們在片中的訪談，你可以感受到這家公司在商業模式被摧毀之後，所面臨的掙扎與挑戰。

在這本新版第七章裡首度登場的尼克披薩酒吧，其實還有很多值得關注的面向，我無法一一在這本書裡談到。你可以去看看創辦人尼克．薩里羅的書*A Slice of the Pie: How to Build a Big Little Business*，或是我對這家公司的報導"Lessons from a Blue Collar Millionaire"，刊登於二〇一〇年二月號的《企業》雜誌上。薩里羅在TED的演講，可以在他的個人網站（網址是：www.nicksarillo.com）上找到。

正如我在本書第八章說的，位在加州帕洛奧圖的大學國家銀行信託公司原本具備小巨人特質，但最終還是變了。關於這家銀行的更多故事，可以參考保羅．霍肯寫的《實現創業的夢想》，以及湯姆．畢德士的《亂中求勝》（*Thriving on Chaos*）。直到今天，我認為關於這家銀行最棒的一篇報導，是Elizabeth Conlin刊登於一九九一年三月號《企業》雜誌上的"Second Thoughts on Growth"。

我也想推薦幾本由小巨人社群的執行長們所寫的書，包括：Paul Spiegelman的*Why Is Everyone Smiling: The Secret Behind Passion, Productivity and Profit*、Chris Hutchinson的*Ripple: A Field Manual for Leadership That Works*、Tom Walter與Ken Thompson、Ray Benedetto、Molly Meyer合寫的*It's My Company Too! How Entangled Companies Move Beyond Employee Engagement for Remarkable Results*，以及R. Michael Rose寫的*ROE Powers ROI: The Ultimate Way to Think and Communicate for Ridiculous Results*。

還有一些作品，雖然不是直接與小巨人有關，但也談到這個現象。例如 Corey Rosen、John Case 與 Martin Staubus 合著的 *Equity: Why Employee Ownership Is Good for Business*。想讓員工認股執行更順利，推薦你看看 Jack Stack 與我合寫的 *A Stake in the Outcome: Building a Culture of Ownership for the Long-term Success of Your Business*，以及 John Case 寫的兩本書：*Open-Book Management: The Coming Business Revolution* 和 *The Open-Book Experience: Lessons from Over 100 Companies Who Successfully Transformed Themselves*。Robert K. Greenleaf 的作品也讓許多小巨人很受用，尤其是他的系列小書 *The Servant as Leader*、*The Institution as Servant* 等。

最後，我建議大家去看看這些小巨人企業的官網：

安可啤酒	www.anchorbrewersanddistillers.com
克里夫能量棒	www.clifbar.com
艾科	www.eccosafetygroup.com
鍾頭公司	www.hammerhead.com
歐希泰納	www.octanner.com
瑞爾公司	www.reell.com
瑞休公司	www.rhythm.com

搖滾寶貝 www.righteousbabe.com

戈茲集團 www.goltzgroup.com

聯合廣場 www.ushgnyc.com

巴特勒建築公司 www.wlbutler.com

辛格曼商業社群 www.zingermans.com

致謝

就像電影結束，會感謝所有工作人員，書也會有一篇謝辭。在我心中，許多參與這本書的人，值得更多掌聲。

就從這本書的誕生說起吧。功勞屬於企鵝出版社總編輯 Patrick Nolan，以及 Portfolio 出版社創辦人 Adrian Zackheim——他讀了我在《企業》雜誌發表的文章後來找我，說想到一個出書的好題材。我雖然沒聽懂他的意思，但還是同意跟他碰面。我們在曼哈頓 Pershing Square 餐廳吃早餐，他把構想說得既清楚又精采，後來我與老婆、與我的「經紀人兼啦啦隊長兼守護天使」Jill Kneerim 討論之後，我開啟了這次寫作計畫。

不過早在開始之前，已經有許多人貢獻良多：《企業》雜誌前總編輯 George Gendron，多虧了他指派辛格曼社群這個題目，並協助我完成這項研究。還有編輯這篇文章的 Leigh Buchanan、接任 George 的位子，將這篇文章作為封面故事的 John Koten，更要感謝 Ari Weinzweig、Paul Saginaw 以及他們在辛格曼的同事 Maggie Bayless、Dave Carson、Frank Carollo、Amy Emberling、Holly Firmin、Mo Frechette、Stas' Kazmierski、Ron Maurer、Todd Wickstrom 和 Lynn Yates。還有我的導師兼共同作者、SRC Holdings Corp. 執行長 Jack Stack，以及無數親友同事包括 Peter Carpenter、John Case、Susan Donovan、John Ellis the elder、John R. Ellis the younger、Richard Fried、Gary Heil、Michael Hopkins、Joe Knight、Joel Kotkin、Sara Noble、John O'Neil、Bill Palmer 與 Greg Wittstock。

諾姆．布羅斯基也在不同階段協助我，幫助我找到小巨人企業、幫助我釐清重點、給我寫作上的意見。我後來才發現，他當時經營的城市倉儲原來也是一家小巨人，這全多虧了他在城市倉儲的同事 Brad Clinton、Peter Gunderson、Mike Harper、Bruce Howard、Sherry James、Manny Jimenez、Sam Kaplan、Noelle Keating、Patty Lightfoot、Patti Kanner Post、Louis Weiner，以及布羅斯基的夫人 Elaine Brodsky。

十年前我第一個訪問的對象，是克里夫能量棒的蓋瑞．艾瑞克森，結果見面時反而是他在問我問題，幫助我把這本書的主題想得更清楚。Dean Mayer 與 Leslie Henrichsen 也幫了大忙。寫這本新版，則多虧了克里夫能量棒現任執行長 Kevin Cleary 與 Gary 的夫人 Kit Crawford，還有 Kate Torgersen 與 Heather Salazar。

與艾瑞克森的訪談，成了我人生中一連串精采訪談的起點，讓我認識了這麼多優秀企業裡這麼多有意思的人。如果這本書你讀到這裡，應該就知道我為什麼這麼說，也不難想像訪問的過程是多麼有趣。我要特別感謝的人包括：

安可啤酒公司的 John Dannerbeck、Keith Greggor、Fritz Maytag 與 Linda Rowe

艾科公司的 Karen Campbell、Rob Corrigan、Michelle Howard、Todd Mansfield、Chris Marshall、Bob Ohlson、Mike Pironi、Mike Scoll、Chris Thompson、Jim Thompson、Richard Vinson 與 Ed Zimmer

錘頭公司的 Thad Beier、Dan Chuba 與 Jamie Dixon

新希望承包公司的 Chris Howell、Rob Moreno、Chris Painten、Gene Pettiford、Danny Power、Peter Power 與 Steve Quinn

尼克披薩酒吧的 Aubrey Judson、Rudy Miick 與 Nick Sarillo

歐希泰納的 Ed Bagley、Adrian Gostick、Dan Martinez、Kent Murdock、Gary Peterson 與 Shauna Raso

瑞爾公司的 Joe Arnold、Bob Carlson、Eric Donaldson、Shari Erdman、Jessica Faust、Jim Grubs、Lee Johnson、John Kossett、Margaret Lulic、the late Dale Merrick、George Moroz、Joy Moroz、Michael J. Naughton、Kyle Smith、Bob Wahlstedt 與 Steve Wikstrom

瑞休公司的 R. Scot Byrd 與 John Hughes

搖滾寶貝的 Susan Alzner、Mary Begley、Ani DiFranco、Ron Ehmke、Scot Fisher、Sean Giblin、Brian Grunert、Karen Hayes、Phil Karatz、Heidi Kunkel、Sarah Otto、Jessie Schnell、Steve Schrems 與 Susan Tanner

塞利馬公司的 Selima Stavola

戈茲集團的 Renoir Battle、Felice M. Davis、Jay Goltz、Luan Le 與 Dale Zeimen

三網公司的 Martin Babinec 與 Maureen Kleven

聯合廣場餐飲集團的 Haley Carroll、Jenny Zinman Dirksen、Brandi Hudson 與 Danny Meyer

巴特勒建築公司的 Michelle Arani、Bill Butler 與 Frank York

除此之外，我也訪問了很多很棒的人，願意分享他們的時間與智慧，包括：Shawmut Design & Construction 的 Jim Ansara、Bull Moose Music 的 Chris Brown、Hallwalls 的 Ed Cardoni、Signature Mortgage 的 Robert Catlin、Gary Cristall Artist Management 的 Gary Cristall、Planet Love 的 Joe DiPasquale、Rokenbok Toy Company 的 Paul Eichen、Buffalo News 的 Don Esmond、Fleming & Associates 的 Jim Fleming、Goldenrod Music 的 Susan Frazier、Ladyslipper Music 的 Laurie Fuchs、Giordano Productions 的 Virginia Giordano、Artemis Records 的 Danny Goldberg、Keystone Auto Glass 的 Neil Golding 與 Brian

Silver、Works Corp. 的 Bruce Goode、Bergen County Camera 的 Tom Gramegna、Illinois Wesleyan University 的 Darcy Greder、MG Limited 的 Tracy Mann、Chronicle Books 的 Nion McEvoy 與 Susan Coyle、ESP Inc. 的 Debbie Mekker、Solid Earth Geographics 的 Robert S. Moore、Koch Entertainment Distribution 的 Michael Rosenberg、Festival Distribution 的 Jack Schuller、Cirris Systems Corp. 的 Marlin Shelley、Manifest Discs and Tapes 的 Carl Singmaster、Direct Tire 的 Barry Steinberg，以及 Thorner Press 的 Pat Thompson。

David Gumpert 訪問梅泰的文章（刊登於《哈佛商業評論》上）對我幫助很大，也引導我拜讀了《企業》雜誌創辦人貝納德・高赫士過世前一年接受 *Family Business Quarterly* 的專訪。Bruce Feiler 在 *Gourmet* 上關於聯合廣場餐飲集團的報導，讓我們看到什麼是「有感款待」。Liz Conlin 在《企業》雜誌的報導也令人驚豔。《航海》雜誌前發行人 Don Macaulay 協助我認識《企業》雜誌早年的歷史。Jay Burchfield 讓我更了解銀行歷史。Michael Ansara、Tom Ehrenfeld、Brian Feinblum、Steve Marriotti、David Obst、Derek Shearer 與 David Laskin 都提供我很棒的建議。

我也要特別感謝我在《企業》雜誌的同事們給予我的大力協助：Loren Feldman（協助我編輯）、John Koten（盯著我不讓我偷懶），接任 Koten 位子的 Jane Berentson，以及 Jay Goldberg、Brian Kennedy、Lora Kolodny、Rob Kurtz、Tara Mitchell、Laura Rich、Jennifer Richman、Humphry Rolleston、Ed Sussman 和 John Tebeau、Blake Taylor、Travis Ruse。當然，我也必須感謝創辦《企業》雜誌的高

赫士及改寫「創業家精神」定義的 George Gendron。

出版了這本書我才知道，能和 Portfolio 出版社的團隊合作是多麼幸運的事，感謝 Jacquelynn Burke、Megan Casey、Natalie Horbachevsky、Elizabeth Hazelton、Stephanie Land、Branda Maholtz、Kelsey Odorczyk、Joseph Perez、Nikil Saval、Merry Sun、Will Weisser 以及 Abraham Young。

多虧了 Jill Kneerim 的睿智，我才能完成這項計畫。特別要感謝 Kneerim & Williams 的團隊成員 Lucy V. Cleland、Hope Denekamp、Seana McInerney。Alexej Steinhardt 為我們設計了一個很棒的網站 www.smallgiantsbook.com，我要特別感謝他的公司 RoundHex 以及同事 Hannah Ireland。我也要謝謝戈茲，給了我「小巨人」的點子。

最後我一定要把所有功勞歸給我生命中最重要的人，也就是與我結婚四十六年的妻子 Lisa、女兒 Kate 與她先生 Matt Knightly、我的外孫 Fiona 與 Jack、我的兒子 Jake 與他的妻子 Maria Janeff Burlingham、我的兩位孫子 Owen 與 Kiki。

國家圖書館出版品預行編目（CIP）資料

小，是我故意的：不擴張也成功的 14 個故事，8 種基因 / 鮑．柏林罕 (Bo Burlingham) 著；吳玉譯．-- 二版．-- 臺北市：早安財經文化，2017.05
面；　公分．--（早安財經講堂；73）
譯自：Small giants : companies that choose to be great instead of big
ISBN 978-986-6613-86-9(平裝)

1. 中小企業管理

494　　106005694

早安財經講堂 73

小，是我故意的

不擴張也成功的 14 個故事，8 種基因

Small Giants

Companies That Choose to Be Great Instead of Big

作　　者：鮑．柏林罕 Bo Burlingham
譯　　者：吳玉
封面設計：Bert.design
校　　對：呂佳真
責任編輯：廖秀凌、沈博思
行銷企畫：楊佩珍、游荏涵

發 行 人：沈雲驄
發行人特助：戴志靜、黃靜怡
出版發行：早安財經文化有限公司
電話：(02) 2368-6840　傳真：(02) 2368-7115
早安財經網站：goodmorningpress.com
早安財經粉絲專頁：www.facebook.com/gmpress
沈雲驄說財經 podcast：linktr.ee/goodmoneytalk

郵撥帳號：19708033　戶名：早安財經文化有限公司
讀者服務專線：(02)2368-6840　服務時間：週一至週五 10:00~18:00
24 小時傳真服務：(02)2368-7115
讀者服務信箱：service@morningnet.com.tw

總 經 銷：大和書報圖書股份有限公司
電話：(02)8990-2588
製版印刷：中原造像股份有限公司
二版 1 刷：2017 年 5 月
二版 11 刷：2024 年 9 月

定　　價：380 元
I S B N：978-986-6613-86-9（平裝）

其實我們有選擇，

也有魔咒。